中等职业学校计算机系列教材

zhongdeng zhiye xuexiao jisuanji xilie jiaocai

计算机组装与维护

（第3版）

◎ 张立强 韩祥　主编

◎ 唐小波 杜保兰 隋春荣 闫洪涛　副主编

人民邮电出版社

北　京

图书在版编目（CIP）数据

计算机组装与维护 / 张立强，韩祥主编. -- 3版
. -- 北京 ：人民邮电出版社，2012.8
中等职业学校计算机系列教材
ISBN 978-7-115-27593-6

Ⅰ. ①计… Ⅱ. ①张… ②韩… Ⅲ. ①电子计算机－
组装－中等专业学校－教材②计算机维护－中等专业学校
－教材 Ⅳ. ①TP30

中国版本图书馆CIP数据核字(2012)第106489号

内 容 提 要

本书介绍计算机组装与维护的技术，主要包括配件的选购与组装、软件系统的构建、系统性能的测试和优化、系统数据的备份与还原、硬件和软件故障的诊断及维护等。

全书从基础入手，重点介绍计算机配件的选购、组装及维护，并针对每个知识点安排相应的实训内容，强化学生的动手实践能力，强化理论知识与实际操作的联系。

本书适合作为中等职业院校计算机相关专业"计算机组装与维护"课程的教材，同时也可作为计算机初学者的参考资料。

◆ 主　编　张立强　韩　祥
　　副主编　唐小波　杜保兰　隋春荣　闫洪涛
　　责任编辑　王　平

◆ 人民邮电出版社出版发行　　北京市丰台区成寿寺路 11 号
　　邮编 100164　电子邮件 315@ptpress.com.cn
　　网址 http://www.ptpress.com.cn
　　北京九州迅驰传媒文化有限公司印刷

◆ 开本：787×1092　1/16
　　印张：12.25　　　　　　　2012 年 8 月第 3 版
　　字数：295 千字　　　　　2024 年 8 月北京第 17 次印刷

ISBN 978-7-115-27593-6

定价：24.00 元

读者服务热线：(010)81055256　印装质量热线：(010)81055316
反盗版热线：(010)81055315
广告经营许可证：京东市监广登字 20170147 号

中等职业学校计算机系列教材编委会

序

中等职业教育是我国职业教育的重要组成部分，中等职业教育的培养目标定位于具有综合职业能力，在生产、服务、技术和管理第一线工作的高素质的劳动者。

随着我国职业教育的发展，教育教学改革的不断深入，由国家教育部组织的中等职业教育新一轮教育教学改革已经开始。根据教育部颁布的《教育部关于进一步深化中等职业教育教学改革的若干意见》的文件精神，坚持以就业为导向、以学生为本的原则，针对中等职业学校计算机教学思路与方法的不断改革和创新，人民邮电出版社精心策划了《中等职业学校计算机系列教材》。

本套教材注重中职学校的授课情况及学生的认知特点，在内容上加大了与实际应用相结合案例的编写比例，突出基础知识、基本技能。为了满足不同学校的教学要求，本套教材中的 3 个系列，分别采用 3 种教学形式编写。

- 《中等职业学校计算机系列教材——项目教学》：采用项目任务的教学形式，目的是提高学生的学习兴趣，使学生在积极主动地解决问题的过程中掌握就业岗位技能。
- 《中等职业学校计算机系列教材——精品系列》：采用典型案例的教学形式，力求在理论知识"够用为度"的基础上，使学生学到实用的基础知识和技能。
- 《中等职业学校计算机系列教材——机房上课版》：采用机房上课的教学形式，内容体现在机房上课的教学组织特点，学生在边学边练中掌握实际技能。

为了方便教学，我们免费为选用本套教材的老师提供教学辅助资源，教师可以登录人民邮电出版社教学服务与资源网（http://www.ptpedu.com.cn）下载相关资源，内容包括如下几个方面。

- 教材的电子课件。
- 教材中所有案例素材及案例效果图。
- 教材的习题答案。
- 教材中案例的源代码。

在教材使用中有什么意见或建议，均可直接与我们联系，电子邮件地址是 wangping@ptpress.com.cn。

中等职业学校计算机系列教材编委会

2012 年 2 月

前　言

本书是为中等职业学校计算机应用专业编写的配套教材。书中结合当前主流的硬件知识和软件知识，介绍了计算机组装和维护的一般知识和方法。全书内容安排力求做到深浅适度、详略得当，叙述力求简明扼要、通俗易懂，既方便教师讲授，又便于学生理解掌握。

本书从基础知识入手，用大量的案例讲解计算机组装与维护的基本技能，带领初学者逐步熟悉计算机组装与维护的方法，并培养其分析问题和解决问题的能力。

在学习本书同时，希望读者能做到以下几点。

（1）要培养对计算机组装与维护的兴趣。

"计算机组装和维护"是一门非常有意思的课程，动手的机会相当多，可以根据自己的需要，用有限的资金组合装配性能优异的计算机。

（2）要多去相关网站查看有关计算机的信息。

计算机的发展日新月异，读者可以通过网络查询和计算机组装与维护相关的信息。

（3）要多动手实践。

这门课程是一门以实践为主的课程，尽管书中给出了许多案例，但读者要尽可能在看完案例后动手做一遍。只有自己动手，才有亲身体验。

（4）多去销售计算机的地方看。

从网上了解不够直观，如果直接去电脑城，不仅可以看到实实在在的东西，很多时候还有亲手触摸使用的机会。看得越多就越能开阔视野，激发兴趣。

本书各章都配有相应的习题，以利于学生对本章内容进行巩固。同时，每章还根据需要设有提高训练，以供学有余力的同学在课后进一步提高。本书共 8 章。各章的主要内容介绍如下。

- 第 1 章：从一个整体的角度来帮助学生建立计算机的整体概念。
- 第 2 章：主要介绍配件的一些特性、参数以及选购配件的方法和注意事项。
- 第 3 章：介绍组装计算机硬件的全过程。
- 第 4 章：主要介绍一些重要的和常用的 BIOS 设置。
- 第 5 章：介绍安装 Windows XP 操作系统以及安装驱动程序的方法。
- 第 6 章：介绍在操作系统和驱动程序安装好以后，如何测试和优化计算机的性能。
- 第 7 章：主要介绍计算机维护、系统备份与数据恢复的基本知识。
- 第 8 章：主要介绍常见计算机故障的诊断和排除方法。

为方便教师授课，我们免费提供了本书的 PPT 课件及素材，教师可登录人民邮电出版社教学服务与资源网（www.ptpedu.com.cn）下载资源。

本书由张立强、韩祥主编，唐小波、杜保兰、隋春荣、闫洪涛副主编，参加本书编写工作的还有沈精虎、黄业清、宋一兵、谭雪松、向先波、冯辉、计晓明、滕玲、董彩霞、管振起等。由于编者水平有限，书中难免存在疏漏之处，敬请各位读者指正。

编者

2012 年 2 月

目　录

第1章 认识计算机系统

计算机（Computer，电子计算机）俗称"电脑"，是一种能按照事先存储的程序，自动、高速地进行大量数值计算和各种信息处理的现代化电子智能装备。我们常用的计算机也叫"微机"。在现代社会，计算机无处不在，它为我们打造了一个有趣而神奇的世界。

学习目标

- 了解计算机的特点和应用。
- 了解计算机的发展历史和发展方向。
- 掌握计算机硬件、软件的基本知识以及两者之间的关系。
- 了解计算机的基本组成。

1.1 计算机概述

计算机的诞生和发展是 20 世纪最伟大的科学成就，计算机是当今社会科学和经济发展的重要基石。图 1-1 所示为一台典型的多媒体计算机。

图1-1　多媒体计算机

1.1.1　计算机的发展历程

计算机从 20 世纪 40 年代诞生至今，已有 70 余年的发展历史。在产品发展过程中，不断更新换代。当前，随着数字技术的不断革新，计算机更新换代周期越来越短。

1. 第一代：电子管计算机

1946 年，世界上第一台数字计算机 ENIAC 诞生，这台计算机是一个重达 30 吨，占地 170 平方米的庞然大物，如图 1-2 所示。ENIAC 内装 18 000 个电子管，耗电多，运算速度低，约为每秒 5 000 次，故障率高，并且价格极贵。

本阶段，计算机软件尚处于初级发展阶段，已经开始使用符号语言用于科学计算。

2. 第二代：晶体管计算机

1954 年，美国贝尔实验室使用 800 只晶体管成功组装出第一台晶体管计算机

TRADIC，如图 1-3 所示。由于晶体管比电子管能耗低、体积小、重量轻，工作可靠，使得计算机体积大大缩小，价格大幅度下降。

本阶段出现了一些通用的算法和语言，其中影响最大的是 FORTRAN 语言。

图1-2 ENIAC

图1-3 TRADIC

3. 第三代：中、小规模集成电路计算机

20 世纪 60 年代，集成电路诞生并引发了电路设计革命。1962 年，IBM 公司生产出 IBM360 系列计算机，使用中、小规模（MSI、SSI）集成电路作为主要元件。同时，软件技术有了长足的发展，并将软件分为操作系统、编译系统和应用程序 3 种类型。

图 1-4 所示为美国 DEC 公司（美国数字设备公司）推出的 PDP 小型计算机，是第三代计算机的杰出代表。

4. 第四代：大规模与超大规模集成电路计算机

集成电路的主要发展方向是扩大集成规模。大规模集成电路（LSI）可以在一个芯片上容纳几百个元件，而 20 世纪 80 年代出现的超大规模集成电路（VLSI）可以在芯片上容纳几十万个元件。这两类集成电路的出现，使得计算机的体积和价格不断下降，而可靠性和功能不断增强。

第四代计算机以超大规模电路作为元件，使得计算机可以朝微型化和巨型化两个方向发展。如今，图 1-1 所示的微型计算机已经深入到我们的日常生活中。图 1-5 所示为国防科技大学于 1983 年 12 月研制成功的"银河I"巨型计算机，其运算速度为每秒 1 亿次以上。

图1-4 PDP 小型计算机

图1-5 "银河I"巨型计算机

5. 第五代计算机：甚大规模集成电路计算机

第五代计算机是指使用大规模集成电路（USLI）作为电子元件制作的计算机。其主要标志是单片集成电路规模达 100 万晶体管以上。1990 年以后，计算机就已经步入第五代。

1.1.2 计算机的类型

随着微处理器的发展，计算机的类型越来越多样化。

1. 根据使用范围分

根据使用范围的不同，可将计算机分为以下两类。

(1) 通用计算机。

这类计算机通用性强，具有很强的综合处理能力，能广泛应用于生产生活的各个领域。

(2) 专用计算机。

这类计算机功能相对单一，其上配置有专门用于解决特定问题的硬件和软件，能高速、可靠地解决特定的问题。

2. 从计算机规模来分

根据计算机规模的不同，可将计算机分为以下 4 类。

(1) 巨型计算机。

这类计算机也称超级计算机，通常是单个高性能计算机的集群。巨型计算机具有极强的运算和处理能力，存储容量大。主要用于尖端的科学研究和现代化军事领域，可以处理气象模型、人类基因图谱、原子弹爆炸模拟等特殊任务。

图 1-6 所示为国防科技大学 1997 年推出的"银河 III"巨型计算机，运算速度为每秒130 亿次；图 1-7 所示为中科院 2008 年研制成功的"曙光"系列超级计算机——曙光-5000A，其运算速度为每秒 230 万亿次。

图1-6 "银河 III"巨型计算机

图1-7 "曙光"超级计算机

(2) 大型计算机。

大型计算机的通用性能好、综合处理能力强、能连接的外设多，如图 1-8 所示。这类计算机主要用于政府、银行、公司等大中型单位，用于完成相关领域内的工作，如大型的科学与工程计算、事务处理、信息管理等。

大型计算机用作服务器时，具有很高的可靠性和安全性，能有效防御病毒和黑客。

(3) 小型计算机。

小型计算机规模较小，结构简单，如图 1-9 所示。虽然其运行速度和内存容量低于大型计算机，但是具有良好的性能价格比，主要用于中小型单位或大型单位的某一部门的需求，如企业管理、工业自动控制、大学或科研单位的科学计算等。

小型计算机还可以用作客户——服务器结构中的服务器，可以配备数百台终端。

图1-8 大型计算机 IBM z9 BC

图1-9 小型计算机 pseries 630

(4) 微型计算机。

微型计算机又称个人计算机，简称 PC，是目前应用最广泛的计算机。微型计算机不仅体积小、价格低，而且功能强、可靠性高、易于操作。目前，微型计算机的功能越来越强大，应用范围遍及科学与工程计算、事务管理、信息处理、过程控制等各个领域。

3. 根据用途分

按照日常用途可将计算机分为以下两种类型。

(1) 服务器。

服务器是网络上一种为客户端计算机提供各种服务的高性能计算机，可以在网络操作系统的控制下，将与之相连的硬盘、打印机以及其他昂贵的通信设备提供给网络上的客户站点共享，如图 1-10 所示。

服务器对硬件的稳定性有极高的要求，同时还要求硬件平台提供足够快的响应速度，以承受互联网上数量庞大的用户同时访问。

(2) 工作站。

工作站是一种介于微型计算机和小型计算机之间的一种高档微型计算机，通常配置有大屏幕显示器、大容量存储器和专用的图形处理软件，其突出特点是具有卓越的图形处理能力，广泛用于机械设计、集成电路设计以及金融、商业、办公等领域，如图 1-11 所示。

图1-10 "浪潮"服务器

图1-11 "惠普"工作站

1.1.3 计算机的应用

基于计算机的特点，使其在很多领域得到广泛的应用，主要体现在以下几个方面。

1. 科学计算

由于计算机具有高运算速度和精度以及逻辑判断能力，所以在高能物理、工程设计、地震预测、气象预报、航天技术等领域得到广泛应用。

例如，在气象预报中，气象卫星从太空不同的位置对地球表面进行拍摄，大量的观测数据通过卫星传回到地面工作站。这些数据经过计算机计算处理后可以得到比较准确的气象信息，气象工作者根据这些信息，计算得到如图 1-12 所示的卫星云图。

2. 过程检测与控制

利用计算机对工业生产过程中的某些信号自动进行检测，并把检测到的数据存入计算机，再根据需要对这些数据进行处理，这样的系统称为计算机检测系统。图 1-13 所示为典型的数控机床的计算机辅助在线检测系统的组成。

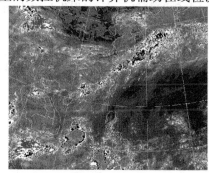

图1-12 卫星云图

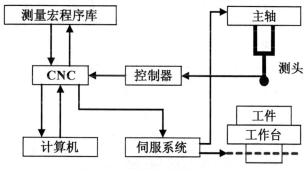

图1-13 计算机辅助在线检测系统组成

3. 信息管理

信息管理是目前计算机应用最广泛的一个领域，利用计算机来加工、管理与操作任何形式的数据资料，如企业管理、物资管理、报表统计、账目计算、信息情报检索等，如图 1-14 所示。

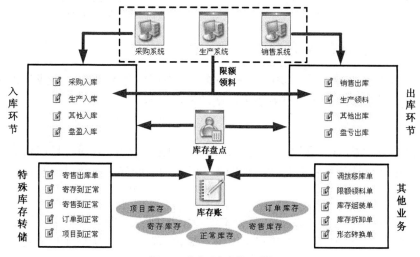

图1-14 某公司库存管理系统

4. 计算机辅助系统

(1) 计算机辅助设计（CAD）：利用计算机来帮助设计人员进行工程设计。图 1-15 所示为由计算机辅助设计的三维模型。

(2) 计算机辅助制造（CAM）：利用计算机进行生产设备的管理、控制与操作，从而提高产品质量，降低生产成本。图 1-16 所示为由计算机控制刀具路径进行生产的实例。

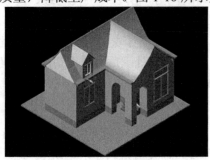

图1-15 计算机辅助设计

图1-16 计算机辅助制造

(3) 计算机辅助测试（CAT）：利用计算机进行复杂而大量的测试工作。如图 1-17 所示的发电机组智能测试系统，可自动完成对发电机组所有电参数的专项测试，同时生成图表、曲线及检测报告。

(4) 计算机辅助教学（CAI）：利用计算机帮助教师讲授和学生学习的自动化系统。图 1-18 所示为计算机辅助教学的基本过程。

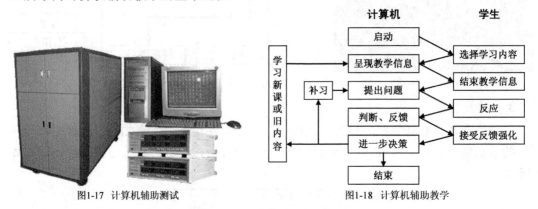

图1-17 计算机辅助测试　　　　图1-18 计算机辅助教学

1.1.4 计算机的发展方向

计算机的技术越来越完善，功能越来越强，应用范围越来越广，已成为人类处理信息必不可少的工具。未来的计算机有着更加广阔的发展前景。

1. 巨型化

巨型化是指计算机的运算速度更高、存储容量更大、功能更强。目前正在研制的巨型计算机其运算速度可达每秒百万亿次，如图 1-7 所示的"曙光"超级计算机。

2. 微型化

随着微电子技术的进一步发展，笔记本型、掌上型等微型计算机必将以更优的性价比受到人们的欢迎。图 1-19 所示为笔记本电脑。笔记本电脑配上无线上网功能，可以方便快捷地实现与外界的联通。

图 1-20 所示为苹果掌上电脑，它实际上是具备计算机功能的智能手机，除具有手机的功能外，还具备大部分计算机上的功能，如办公、上网、播放多媒体，以及使用各种工具软件等。

图1-19　笔记本电脑

图1-20　苹果掌上电脑

3.　网络化

随着家用计算机的普及，众多用户希望能共享信息资源和传递即时信息，计算机网络技术的发展很好地解决了这一问题，互联网在人们日常生活和工作中的作用越来越重要。

4.　智能化

计算机人工智能的研究是建立在现代科学基础之上的。智能化是计算机发展的一个重要方向。新一代计算机，将可以模拟人的感觉行为和思维过程的机理，进行"看"、"听"、"说"、"想"和"做"，具有逻辑推理、学习与证明的能力。

图 1-21 所示的机器人名叫"闹（Nao）"，能表达生气、恐惧、伤感、喜悦、兴奋、自豪等情绪，如果人类没有安抚它或者面对自己无法应对的情境时它会表现出不安的情绪。它有"大脑"，能记得经历过的喜怒哀乐。图 1-22 所示为能与人对话交流的仿真机器人。

图1-21　有情绪的智能机器人

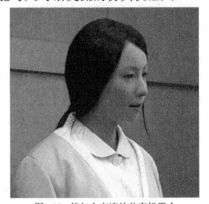

图1-22　能与人交流的仿真机器人

1.1.5　计算机系统

所有计算机都是由硬件和软件两大部分构成的。硬件是构成计算机系统的物理实体，即我们看得见摸得着的东西，一台完整的计算机一般包括输入/输出设备、存储器、运算器、控制器等。软件是那些为了运行、管理和维护计算机而人工编制的各种程序的集合。

计算机系统的一般组成如图 1-23 所示。

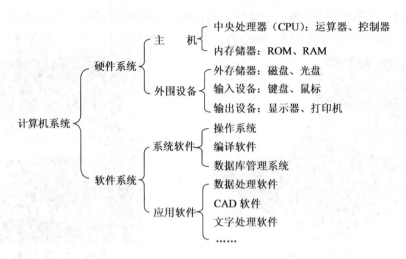

图1-23 计算机的组成

计算机的硬件和软件是相辅相成的，它们共同构成完整的计算机系统，缺一不可。没有软件的计算机，没有任何实际作用；同样，没有硬件，软件也就无用武之地。只有让它们相互配合，计算机才能正常运行。

1.1.6 计算机的性能指标

一台计算机的性能好坏由多项技术指标综合评价，不同用途的计算机强调的性能侧重点也不同。计算机的基本性能指标主要有以下内容。

1. 主频（时钟频率）

主频是指计算机 CPU 在单位时间内输出的脉冲数，单位为 MHz。主频在很大程度上决定了计算机的运行速度，主频越高，计算机的运算速度越快。人们在购买或组装计算机时通常按照主频来选择 CPU 芯片，目前常用的主频有 1.5GHz、2.0GHz、2.5GHz、3.0GHz 等。

2. 字长

字长是指计算机的运算部件能同时处理的二进制数据的位数。字长决定了计算机的运算精度，也决定着计算机数据总线的位数，直接影响着计算机的硬件规模和造价。计算机的字长通常为 4 位、8 位、16 位和 32 位。目前，64 位字长的高性能微型计算机为市场主流产品。

3. 内存容量

内存容量是指内存储器中能存储的信息总字节数。计算机的内存容量一般以 8 个二进制位（bit）作为一个字节（Byte），每 1 024 个字节为 1KB（1 024Byte=1KB）；每 1 024KB 为 1MB；每 1 024MB 为 1GB。目前，计算机内存容量通常为 1GB、2GB，甚至更大。

内存容量越大，软件开发和大型软件的运行效率越高，系统的处理能力就越强。

4. 可靠性

可靠性通常用平均无故障运行时间（MTBF）来衡量。该参数是指在相当长的运行时间内，用计算机的工作时间除以运行时间内的故障次数所得的结果，其值越大，说明计算机的可靠性越高，故障率越低。

5. 存取周期

存储器连续两次独立的"读"或"写"操作所需的最短时间，单位为纳秒（ns，$1ns=10^{-9}s$）。存储器完成一次"读"或"写"操作所需的时间称为存储器的访问时间（或读写时间）。

6. 兼容性

兼容是指设备或程序可以用于多种系统的性能。兼容性越好的计算机可以在其上运行更多的软件和连接更丰富的设备，提高计算机的利用率。

7. 性能价格比

性能价格比是计算机性能和价格的比值，是衡量计算机产品性能优劣的综合指标，其值越大越好。

1.2 计算机硬件

计算机硬件是指计算机系统中由电子、机械和光电元件等组成的各种物理装置的总称。这些物理装置按系统结构的要求构成一个有机整体，为计算机软件运行提供物质基础。

1.2.1 计算机的硬件体系

无论是微型计算机还是大型计算机，都是以"冯·诺依曼"的体系结构为基础的。冯·诺依曼体系结构是被称为计算机之父的冯·诺依曼所设计的体系结构。冯·诺依曼体系结构规定计算机系统主要由运算器、控制器、存储器、输入设备和输出设备几部分组成。

各种各样的信息通过输入设备进入计算机的存储器，然后送到运算器，运算完毕把结果送到存储器存储，最后通过输出设备显示出来，整个过程由控制器进行控制。计算机的整个工作过程及基本硬件结构如图1-24所示。

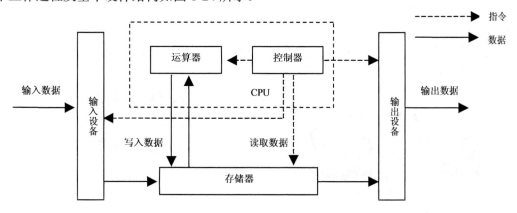

图1-24 冯·诺依曼计算机结构模型

1.2.2 计算机的基本硬件

计算机的基本硬件设备包括主机部件、输入设备和输出设备 3 大部分。

1. 主机部件

主机的所有部件都安装在主机箱内，如图 1-25 所示，包括主机板、CPU、内存条、硬盘、光驱、显示卡、声卡、网卡等。

2. 输入设备

常用的输入设备主要有键盘和鼠标。

(1) 键盘。

键盘是主要的输入设备，用于输入控制计算机运行的各种命令或编辑文字等，如图 1-26 所示。

图1-25 主机

(2) 鼠标。

在 Windows 操作系统下，鼠标（见图 1-27）已成为不可缺少的输入设备，其作用是快速准确地定位或通过单击、双击或右击鼠标来执行各种操作命令。

图1-26 键盘

图1-27 鼠标

3. 输出设备

显示器是主要的输出设备，是组装计算机时必不可少的部件之一。当前的显示器主要以液晶显示器为主，其作用是显示计算机运行各种程序的过程和结果，如图 1-28 所示。

4. 音箱

在多媒体计算机中，必须配置声卡和音箱，用于播放音乐或发声。音箱是观看视频、播放音乐不可缺少的输出硬件设备，如图 1-29 所示。

图1-28 液晶显示器

5. 打印机

打印机是计算机的常用输出设备之一，我们经常需要将计算机处理的结果按照要求打印出来，如图 1-30 所示。

图1-29 多媒体音箱

图1-30 打印机

1.2.3 主机箱内的部件

计算机主机的核心部件都安装在主机箱内，主要包括主机板、CPU、内存条、硬盘、光驱及各种板卡等。这些部件是组成计算机所必须的硬件设备，如图 1-31 所示。

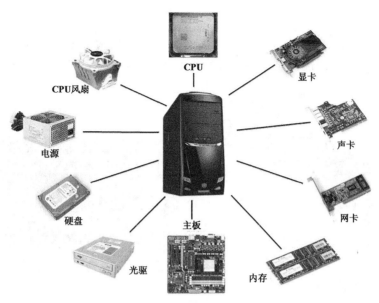

图1-31 主机内部组成

现对各种部件及其功能说明如下。

1. CPU（Central Processing Unit，中央处理单元）

CPU（见图 1-32）是计算机的核心部件，由控制器和运算器组成。它是计算机的运算中心，类似于人的大脑，用于计算数据和进行逻辑判断以及控制计算机的运行。

2. 主板

如果把 CPU 比做计算机的"大脑"，那么主板（见图 1-33）便是计算机的"躯干"。主板将 CPU、内存条、显卡、鼠标、键盘等部件连接在一起，为计算机各部件提供数据交换的通道。

图1-32 CPU

图1-33 主板

3. 内存

内存（见图 1-34）是计算机的核心部件之一，用于临时存储程序和运算所产生的数据，其存取速度和容量的大小对计算机的运行速度影响较大。计算机关机后，内存中的数据会丢失。

4. 显卡

显卡也称图形加速卡（见图 1-35），是计算机中主要的板卡之一，用于把主板传来的数据做进一步的处理，生成能供显示器输出的图形图像、文字等信息。

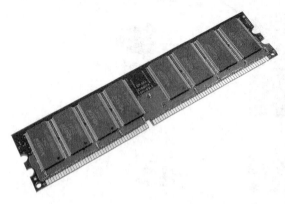

图1-34 内存

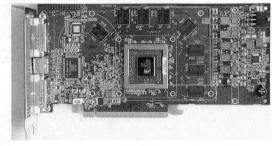

图1-35 显卡

5. 声卡

声卡（见图 1-36）用于处理计算机中的声音信号，并将处理结果传输到音箱中播放。现在的主板几乎都已经集成了声卡，只是在对声音效果要求极高的情况下才需要配置独立的声卡。

6. 硬盘

硬盘（见图 1-37）是重要的外部存储器，其存储信息量大，安全系数也比较高。计算机关机后，硬盘中的数据不会丢失，是长期存储数据的首选设备。

图1-36 声卡

图1-37 硬盘

7. 光存储设备

光驱（见图 1-38）是安装操作系统、应用程序、驱动程序、计算机游戏软件等必不可少的外部存储设备。其特点是容量大，抗干扰性强，存储的信息不易丢失。

8. 电源

电源（见图 1-39）是为计算机提供电力的设备。电源有多个不同电压和形式的输出接口，分别接到主板、硬盘、光存储设备等部件上，为其提供电能。

图1-38 光驱

图1-39 电源

1.2.4 外围设备

前面介绍的计算机部件已经可以组装成一台计算机了，但是要扩展计算机的应用范围，还需要为计算机安装一些外围设备。

1. 网络设备

配合网卡、交换机、集线器、路由器等计算机外围设备，可以使世界各地的计算机通过 Internet 连接起来。

(1) 网卡。

网络适配器是网络系统中的一种关键硬件，俗称网卡（见图 1-40）。在局域网中，网卡用于计算机之间信号的输入与输出，起着重要的作用。

(2) 集线器。

集线器（见图 1-41）的功能是分配带宽，将局域网内各自独立的计算机连接在一起并能互相通信。

(3) 交换机。

交换机（见图 1-42）使用硬件来完成数据过滤和转发过程的任务。其速度比集线器的速度要快，交换机中有一张路由表，如果知道目标地址在何处，就把数据发送到指定地。

图1-40 无线网卡

图1-41 集线器

图1-42 交换机

(4) 路由器。

路由器是一种连接多个网络或网段的网络设备，它能对不同网络或网段之间的数据信息进行"翻译"，以使它们能够相互"读"懂对方的数据，从而构成一个更大的网络。图 1-43 所示为一种无线路由器。

2. 可移动存储设备

可移动存储设备包括 USB 闪存盘（俗称 U 盘）和移动硬盘。这类设备使用方便，即插即用，容量存储也能满足人们的需求，现在已成为计算机中必不可少的附属配件。图 1-44 所示为 U 盘，图 1-45 所示为移动硬盘。

图1-43 无线路由器　　　　　　图1-44 U盘　　　　　　图1-45 移动硬盘

3. 数码设备

数码设备包括数码相机、扫描仪等设备。尽管在配置计算机时它们属于可选设备，但是在信息化时代却有着广泛的应用。图1-46所示为数码相机，图1-47所示为扫描仪。

图1-46 数码相机　　　　　　　　　图1-47 扫描仪

1.3 计算机软件

计算机之所以能够发挥其强大的功能，除了硬件系统外，还与软件系统密切相关。按照功能的不同，软件系统又分为系统软件和应用软件两大类。

1.3.1 系统软件

系统软件是管理、监控和维护计算机资源的软件，这类软件与计算机的硬件紧密地结合在一起，使计算机系统的各个部件、相关的程序和数据协调高效地工作的软件。常用的系统软件主要包括以下类型。

1. 操作系统

操作系统是计算机中最基础的软件，是由指挥与管理计算机运行的程序模块和数据结构共同组成的一种大型软件系统。其功能是管理计算机所有硬件与软件资源。

常用的操作系统有 DOS 操作系统、Windows 操作系统、UNIX 和 Linux 操作系统等。图 1-48 所示为 Windows XP 操作系统启动时的界面。

2. 语言处理程序

程序设计语言是人类和计算机交流的工具，也是用户用来编写程序的工具，通常分为机器语言、汇编语言和高级语言 3 类。语言处理程序是将人们用高级语言编写的源程序翻译为机器语言表示的目标程序的软件。图 1-49 所示为 Microsoft Visual C++的软件界面。

图1-48　Windows XP 系统启动界面

图1-49　Microsoft Visual C++的软件界面

3. 服务性程序

服务性程序是指辅助性的系统软件，如程序的装入、链接、编辑和调试的程序、故障诊断程序、纠错程序等，这类软件也可以归为应用软件。

(1) 系统设置软件。

用于对系统进行设置、优化、保护等，如超级兔子（见图 1-50）、Windows 优化大师（见图 1-51）等。

图1-50　超级兔子

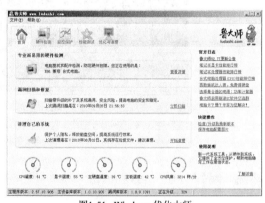

图1-51　Windows 优化大师

(2) 诊断软件。

用于诊断计算机中存在的问题，如 Windows 自带的设备管理器，可以自动识别系统中未正确安装的设备。

(3) 反病毒程序。

计算机病毒是一种具有破坏力的程序，反病毒程序可以查找和删除计算机中的病毒，如常用的 360 杀毒软件。

1.3.2 应用软件

应用软件是指为特定的应用目的而开发的软件，如文字处理软件、游戏软件、教学软件等。使用计算机的目的之一就是要提高工作效率，增加经济效益，这就需要开发大量适合专业领域使用的应用软件。

应用软件是使用各种系统软件开发的，主要有以下两种类型。

1. 用户程序

用户为解决特定问题而开发的软件。

2. 应用软件包

为实现某种特定功能经过精心设计的独立软件系统。

应用软件也是具有特定功能的软件，在系统软件的支持下工作，利用硬件资源实现为用户服务的目的。目前，应用软件正向着标准化和模块化方向发展。图 1-52 所示为用于计算机辅助设计的 AutoCAD 2009 软件界面。

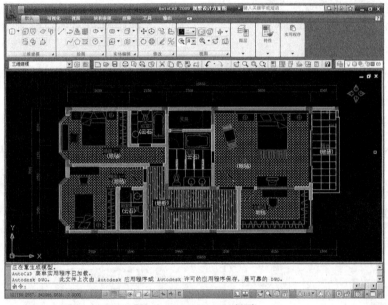

图1-52 AutoCAD 2009 界面

问题思考

(1) 计算机软件分为哪几类？各有什么作用？
(2) 列举你所熟悉的计算机软件，并说明它们都有什么用途？

1.4 实训 识别计算机配件

找到一台计算机，分别指出主机、显示器、键盘和鼠标。打开主机箱盖，分别指出主板、CPU、CPU 风扇和显卡（如果有）、声卡（如果有）、网卡（如果有）、内存、硬盘、电源和光驱。

步骤提示

(1) 断开电源。

(2) 拆下主机与外设连接的各类电缆线。

(3) 打开主机箱盖。

(4) 逐个识别计算机配件。

(5) 盖上主机箱盖。

(6) 接好主机与外设的连接电缆。

(7) 开机检测是否连接正确。

 习题

1. 计算机的发展经历了哪几个阶段？

2. 计算机有哪些常用的性能指标？

3. 在冯·诺依曼模型中，计算机由哪些主要部分组成？

4. 内存和硬盘都属于存储设备，它们的作用相同吗？请进行比较。

第2章 选购计算机及配件

选购计算机的关键是应该满足用户的使用需求，在这个前提下，根据计算机性能的优劣、价格的高低、商家服务质量的好坏等具体问题来最终决定计算机的配置方案。

学习目标
- 掌握个人计算机的配件选购。
- 了解计算机主流配置。
- 了解成品机的选购方案。
- 了解质量认证体系的依据与程序。

2.1 计算机配件概述

图 2-1 所示为一台组装完成后的个人计算机（PC），其中包含的各个配件都具有特定的功能和技术特性。随着计算机硬件技术的发展，计算机配件的种类也越来越多，我们应该怎样选购这些配件来组装计算机呢？

个人购置配件组装计算机（即计算机 DIY）的观念最早由欧美等 IT 产业发达国家传到中国。当前，组装一台具备基本网络功能的多媒体计算机包括的配件如图 2-2～图 2-15 所示。

图2-1 组装机

图2-2 CPU

图2-3 主板

图2-4　内存

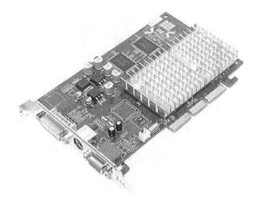

图2-5　显卡（集成或独立）

图2-6　声卡（集成或独立）

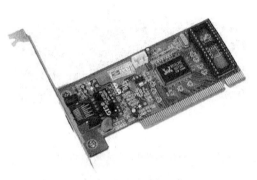

图2-7　网卡（集成或独立）

图2-8　硬盘

图2-9　光驱

图2-10　机箱

图2-11　电源

图2-12 显示器

图2-13 鼠标

图2-14 键盘

图2-15 音箱

2.2 选购 CPU

　　CPU 是计算机系统中最重要的配件，在选购计算机时，一般要先确定 CPU，由此再来确定其他配件的选购方案。

2.2.1 CPU 的主要参数

　　目前的 CPU 厂商主要有 Intel 和 AMD，这两大厂商都有各自的技术优势和产品针对群体，而 CPU 的具体参数也因厂商不同而有所差异。

　　(1) 主频。

　　主频用来表示 CPU 运算时的工作频率，与 CPU 上所集成的一级高速缓存、二级高速缓存等共同决定 CPU 的运算速度，提高主频对提高 CPU 的运算速度具有至关重要的作用。

　　主频=外频×倍频。

　　(2) 外频。

　　外频是 CPU 的基准频率，单位是 MHz。CPU 的外频越高，CPU 与系统内存交换数据的速度越快，对提高系统的整体运行速度越有利。

　　(3) 倍频。

　　倍频是 CPU 的核心工作频率与外频之间的比值，它可使系统总线工作在相对较低的频率上，而 CPU 速度可以通过倍频来无限提升。

　　(4) 前端总线频率。

　　前端总线（FSB）频率（即总线频率）直接影响 CPU 与内存之间数据交换的速度。前

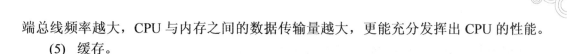

端总线频率越大，CPU 与内存之间的数据传输量越大，更能充分发挥出 CPU 的性能。

(5) 缓存。

缓存是指可以进行高速数据交换的存储器，它先于内存与 CPU 交换数据，因此速度很快。当前，影响 CPU 性能的缓存主要有二级缓存和三级缓存。

在 CPU 核心不变的情况下，增加二级缓存的容量能使 CPU 的性能得到大幅度的提高，而同一核心 CPU 高低端的不同层次，一般都是通过二级缓存的大小来区别的。

三级缓存是为读取二级缓存后未命中的数据设计的一种缓存，普遍应用于高端 CPU 中。拥有三级缓存的 CPU 进一步提高了 CPU 的运算效率。

(6) 制程工艺。

制程工艺是指在硅材料上生产 CPU 时内部各元器件的连接线宽度，用 nm（纳米）表示，数值越小表示制程工艺越先进。制程工艺还直接影响 CPU 的功耗和发热量，目前主流 CPU 的制程工艺为 45nm，Intel 公司已开发出制程工艺为 32nm 的 CPU。

2.2.2 CPU 的主要类型

目前的 PC 市场上，Intel 和 AMD 两个品牌不相上下。一般来说，Intel 公司的 CPU 主频较高，处理数值计算的能力较强；AMD 公司的 CPU 在处理图形和图像上有优势。

1. Intel CPU 系列

目前市场上 Intel 公司的 CPU 主要有以下 5 个系列。

- Celeron 双核系列。
- Pentium 双核系列。
- Core 2 双核系列。
- Core 2 4 核系列。
- Core i 系列。

前 4 个系列中常见 CPU 的主要性能参数如表 2-1 所示。

表 2-1　　　　　　　　　　　Intel 常见 CPU 的主要性能参数

CPU 系列	型号	制作工艺	主频	FSB 总线频率	二级缓存
Celeron 双核系列	Celeron E1200	65nm	1 600 MHz	800 MHz	512 KB
	Celeron E1400	65nm	2 000 MHz	800 MHz	512 KB
Pentium 双核系列	Pentium E2160	65nm	1 800 MHz	800 MHz	1 MB
	Pentium E5200	45nm	2 500 MHz	800 MHz	2 MB
Core 2 双核系列	Core 2 Duo E7200	45nm	2 530 MHz	1 066 MHz	3 MB
	Core 2 Duo E8600	45nm	3 330 MHz	1 333 MHz	6 MB
Core 2 4 核系列	Core 2 QUAD Q8200	45nm	2 330 MHz	1 333 MHz	4 MB
	Core 2 QUAD Q9300	45nm	2 500 MHz	1 333 MHz	6 MB

2. AMD CPU 系列

目前市场上 AMD 公司的 CPU 主要有以下 7 个系列。

- 闪龙系列。
- 速龙单核系列。
- 速龙双核系列。
- 羿龙 3 核系列。
- 羿龙 4 核系列。
- 羿龙 II 4 核系列。
- 羿龙 II 6 核系列。

下面列举 AMD 各个系列中几款常见 CPU 的性能参数，如表 2-2 所示。

表 2-2   AMD 常见 CPU 的主要性能参数

CPU 系列	型号	制作工艺	主频	总线频率	二级缓存	三级缓存
闪龙单核	闪龙 3000+	90nm	1 600 MHz	800 MHz	256 KB	无
闪龙双核	闪龙 X2 2100+	65nm	1 800 MHz	800 MHz	512 KB	无
速龙单核系列	Athlon64 3000+	90nm	1 800 MHz	1 000 MHz	512 KB	无
	Athlon64 3500+	90nm	2 200 MHz	1 000 MHz	512 KB	无
速龙双核系列	Athlon64 X2 5200+	65nm	2 700 MHz	1 000 MHz	2×512KB	无
	Athlon64 X2 7750	65nm	2 700 MHz	1 800 MHz	2×512KB	2 MB
羿龙 3 核系列	Phenom X3 8450	65nm	2 100 MHz	1 800 MHz	3×512KB	2 MB
	Phenom X3 8750	65nm	2 400 MHz	1 800 MHz	3×512KB	2 MB
羿龙 4 核系列	Phenom X4 9550	65nm	2 200 MHz	2 000 MHz	4×512KB	2 MB
	Phenom X4 9850	65nm	2 500 MHz	2 000 MHz	4×512KB	2 MB
羿龙 II 4 核系列	Phenom II X4 920	45nm	2 800 MHz	3 600 MHz	4×512KB	6 MB
	Phenom II X4 940	45nm	3 000 MHz	3 600 MHz	4×512KB	6 MB
羿龙 II 6 核系列	Phenom II X61035T	45nm	2 600 MHz	4 000 MHz	6×512KB	6 MB
	Phenom II X61055T	45nm	2 800 MHz	4 000 MHz	6×512KB	6 MB

2.2.3 CPU 的选购原则

CPU 无疑是衡量一台计算机档次的标志。在购买或组装一台计算机之前，首先要确定的就是选择什么样的 CPU。对于 CPU 的选购，我们从以下几方面来介绍选购原则。

1. 确定 CPU 系列

主要应根据计算机的用途来确定所选购 CPU 的系列。

对于文件办公用户，可选择 Intel 的 Celeron 系列、AMD 的闪龙系列和速龙单核系列的 CPU。对于个人或家庭娱乐用户，可选择 Intel 的 Pentium 双核系列、AMD 的速龙双核系列的 CPU。对于图形图像处理用户和 3D 游戏爱好者，可选择 Intel 的 Core i 系列、AMD 的羿龙 4 核系列或者更高性能的 CPU。

2. 注意 CPU 主频与缓存的取舍

对于同一个系列的 CPU，其性能的高低主要通过主频和缓存来区别，从对 CPU 性能影响程度来看，缓存要大于主频。所以在选购 CPU 时，在价格相差不大的情况下，应优先考虑缓存更大的 CPU。

3. 盒装 CPU 与散装 CPU 的确定

相同型号的盒装 CPU 与散装 CPU 在性能指标、生产工艺上完全一样，是同一生产线上生产出来的产品。由于产品发行渠道不同等因素，盒装 CPU 较散装 CPU 更有质量保证，而且盒装一般都配装了风扇，当然价格也要比散装的贵一些。

4. 注意 CPU 的质保时间

不同厂商、不同型号的 CPU 可能质保时间不同，有的质保 1 年，有的质保 3 年。在类似的产品中，建议选择质保时间长的 CPU，并一定要求商家注明质保期限作为凭证。

2.2.4 辨别 CPU 的真伪

由于 CPU 的外观在不断变化，其造假水平也在不断地提高。如何在选购时辨别出 CPU 的真伪，避免买到伪劣产品呢？下面就介绍几种方法。

1. 看包装

盒装正品 AMD CPU 如图 2-16 所示。在包装盒内提供了原装散热风扇，并且提供完善的质保和售后服务。散装正品 CPU 上面贴有经销商的质保标签。这类产品一般由经销商提供质保，如图 2-17 所示。

图2-16 盒装 AMD CPU

图2-17 散装 CPU

2. 看 CPU 编号

Intel 公司的 CPU 编号比较直观，容易辨别，可以轻易看出一个 CPU 的基本性能参数。

图 2-18 所示为 Intel Pentium D 915 CPU 标识放大的实物图。一般在 CPU 的背面都会有如下参数标识。

生产厂商和品牌：这里表示这块 CPU 为 Intel 生产的 Pentium D 双核处理器。

CPU 的频率、二级缓存和前端总线频率：这里表示核心处理器的频率是 2.8 GHz，二级缓存为 4MB，前端总线频率为 800MHz。

CPU 的产地等信息：核心编号 SL9DA，表示该CPU 是由马来西亚生产的。

图2-18 CPU 编号

3. 用系统属性查看 CPU 编号

下面介绍在操作系统中查看一台计算机 CPU 编号的方法。

(1) 在 Windows XP 操作系统的桌面上，用鼠标右键单击【我的电脑】图标。

(2) 在弹出的快捷菜单中选择【属性】命令。

(3) 在弹出的【系统属性】对话框的【常规】选项卡中显示了 CPU 的型号、主频和内存的大小，如图 2-19 所示。可以看出，该计算机中的 CPU 型号是 AMD Athlon64 3000+，主频为 1.81GHz，内存为 1 GB。

4. 用优化大师软件查看 CPU 型号

下面介绍用优化大师软件查看一台计算机的 CPU 型号的方法。

(1) 启动优化大师。

(2) 在主窗口左边选择【系统检测】/【处理器与主板】选项，右边的界面就会显示 CPU 参数，如图 2-20 所示。

图2-19 【系统属性】对话框

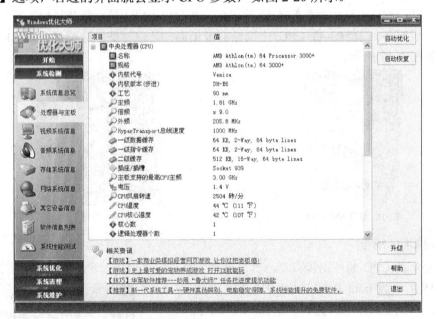

图2-20 优化大师显示的 CPU 参数

(3) 通过对比这些参数，就能辨别 CPU 的真伪了。

问题思考

(1) 当前 PC 市场上的两大 CPU 品牌是什么？

(2) CPU 有哪些主要的性能参数？请列举 5 个。

(3) 请找一台计算机，用优化大师软件查看这台计算机所使用的 CPU 的型号、核心、制造工艺、主频、外频、一级缓存、二级缓存、插座/插槽和 CPU 电压。

2.2.5　选购 CPU 风扇

CPU 风扇（见图 2-21）为 CPU 提供散热功能，它如同为 CPU 安装的"空调"。CPU 风扇的选择和安装会大大影响整个主机的性能。如果选择了与 CPU 不匹配的风扇，或者使用了错误的安装方法，轻则大大降低整个主机的性能，重则会烧毁 CPU。

图2-21　CPU 风扇

1.　CPU 风扇的主要参数

目前 CPU 风扇市场上的主流品牌有 Tt、AVC、九州风神、CoolMaster、富士康、急冻王、散热博士等，CPU 风扇的主要参数如下。

（1）散热片类型。

散热片由材料的不同可分为：纯铜（如 Tt 牌火山系列 10ACPU 风扇）、镀铜和纯铝散热片。另外，不同档次的风扇也有"滚珠"与"含油"风扇之分。

（2）转速。

转速是指单位时间内转动的圈数，单位是 r/min（转/分）。在风扇叶片一定的情况下，转速越高，风量越大。但一般来说，转速越高，噪声也越大。

（3）适用范围。

适用范围标注出了风扇适用于哪些 CPU。不同的 CPU 因为卡口和发热量的不同，需要配以不同的风扇。例如，Pentium 4（32 位）和 AMD（32 位）的卡口就不一样，AMD（32 位）和 AMD（64 位）的卡口也不一样。

2.　CPU 风扇的选购原则

选购 CPU 风扇应该注意以下几点。

（1）建议购买由主板供电并且电源插口有 3 个孔的风扇。

劣质风扇只有两根电源线，是从电源接口取电而不像优质风扇那样从主板上取电。而且优质风扇还有一根测控风扇转速的信号线，现在的主板几乎都支持风扇转速的监控。

（2）建议购买滚珠轴承结构的风扇。

现在比较好的风扇一般都采用滚珠轴承，用滚珠轴承结构的风扇转速平稳，即使长时间运行也比较可靠，噪声也小。

要点提示

一般滚珠风扇上边标有 **"Ball Bearing"** 的字样，可以此判定风扇是否带有滚珠轴承结构。另外根据经验，正面向滚珠风扇用力吹气时不易吹动，但一旦吹动，风扇的转动时间就比较长。

（3）散热片的齐整程度与重量。

还要注意散热片的齐整程度与重量，以及卡子的弹性强弱，太强太弱都不好。

（4）建议使用原装 CPU 风扇或者购买 50 元以上的风扇。

问题思考

（1）CPU 风扇有什么作用？
（2）怎样选购 CPU 风扇？

2.3 选购内存

内存是计算机不可缺少的主要部件之一，是计算机中承担 CPU 与硬盘之间数据互换的硬件设备，即信息交换的展开空间。

2.3.1 内存的分类

内存的主流品牌有金士顿、KINGMAX、海盗船、金邦科技、ADATA、威刚、宇瞻、超胜、黑金刚、三星、现代、蓝魔、胜创、创见等。目前市场上常见的内存主要有 3 种。

1. DDR 内存

DDR（Double Data Rate）全称为双倍速率同步动态随机存取存储器，如图 2-22 所示，它采用的是 184PIN 引脚，金手指中有一个缺口。DDR 内存现在已经停产，正逐渐被淘汰。

图2-22 DDR 内存

2. DDR2 内存

DDR2（Double Data Rate 2）全称为第二代同步双倍速率动态随机存取存储器，其数据存取速度为 DDR 的两倍。其缺口位置也与 DDR 内存有所不同，如图 2-23 所示。

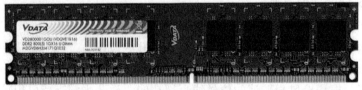

图2-23 DDR2 内存

3. DDR3 内存

DDR3 的预读取位数是 8 位，因此具有更快的数据读取能力，其外观如图 2-24 所示。随着技术的成熟和价格的下降，DDR3 内存已逐渐取代 DDR2 内存成为主流。

图2-24 DDR3 内存

2.3.2 内存的主要参数

由于内存对整个计算机系统的运行效率有较大影响，在购买内存前，应该对内存的主要技术参数进行了解。

1. 内存容量

内存容量表示内存可以存放的数据大小，与硬盘容量计算方式一致，其单位有 B，KB、MB 和 GB 等（1KB=1 024B、1MB=1 024KB、1GB=1 024MB），目前，内存大多以 MB 为单位，市面上常见的内存容量规格为单条 512MB、1GB 或 2GB。

2. 工作电压

内存能稳定工作时的电压叫做内存工作电压。DDR SDRAM 内存的工作电压为 2.5V 左右。DDR2 SDRAM 内存的工作电压一般在 1.8V 左右。DDR3 SDRAM 内存的工作电压一般在 1.5V 左右。

3. 内存频率

内存频率用来衡量内存的数据读取速度，单位为 MHz，数值越大代表数据的读取速度越快。内存的类型不同，所达到的最大内存频率也不同，3 种内存的常见内存频率如下。

DDR 内存的内存频率有 333MHz 和 400MHz 两种。

DDR2 内存的内存频率有 533MHz、667MHz、800MHz、1 066MHz 等，

DDR3 内存的内存频率有 800MHz、1 066MHz、1 333MHz、1 600MHz、2 000MHz 等。

2.3.3 内存的选购原则

购买内存时，应根据以下几项原则进行。

(1) 确定内存容量和个数。

在满足需要的前提下，留有一定的富余容量。对于一般应用，选择 1GB 的内存便可满足需求。在支持双通道或三通道内存的主板上，可增加内存个数来扩展内存。

(2) 确定内存类型。

目前市场的内存主要有 DDR2 和 DDR3 两种，要选择哪种类型的内存，应根据主板支持的内存类型和支持的内存最大容量，以及对内存的存取速度要求来确定。

(3) 确定内存工作频率。

内存的工作频率直接影响内存中数据的存取速度，频率越高数据存取速度越快，所以内存的工作频率应越大越好。

(4) 注重内存的质量和售后服务。

内存也有散装和盒装之分，散装内存由于运输、进货渠道、保存环境等因素，容易出现损坏，在选购内存时应尽量选择盒装的内存。

要点提示　内存的品牌较多，选择时应尽量选择大品牌的内存，如金士顿、威刚等，这类内存质量有保证，售后服务也较好。另外，要询问内存的质保时间，内存的质保时间通常有三年、五年、终身质保，选购时应尽量选择质保时间较长的内存。

2.3.4 辨别内存的真伪

购买内存时，要注意辨别内存的真伪，可以从以下几个方面来注意。

(1) 尽量到直接代理商处购买。

(2) 防伪查询。现在大多数品牌的内存都有短信真伪查询、官方网站真伪查询（如金士顿）等防伪服务，可通过查询来确定真伪。

(3) 看说明书。真品的说明书，其文字、图示清晰明朗，而伪品说明书，其文字和图示明显昏暗无光泽。伪品说明书中没有最为关键的产品官方网站的网址以及查询方法的介绍。

问题思考

(1) 内存的主要性能参数有哪些？
(2) 如何辨别内存的真伪？

2.4 选购主板

计算机主机中的部件是通过主板来连接的，主板给各个部件提供了一个正常工作的平台。主板的外形如图 2-25 所示。

2.4.1 主板的分类

目前市场上主板的品牌较多，主流品牌有：华硕（ASUS）、技嘉（Gigabyte）、微星（MSI）、精英（ESC）、七彩虹（Colorful）、映泰（Biostar）、华擎（Asrock）、英特尔（Intel）、磐正（EPOX）、昂达（ONDA）等。市场上主板的板型结构主要有以下两种类型。

图2-25 主板

1. ATX 板型

ATX 结构由 Intel 公司制订，是目前市场上最常见的主板结构，如图 2-26 所示。在 ATX 结构的主板中，CPU 插座位于主板右方，总线扩展槽位于 CPU 的左侧，PCI 插槽数量为 4～6 个，内存插槽位于主板的右下方，I/O 端口都集成在主板上，不需要电缆线转接。

图2-26 ATX 结构主板

2. Micro ATX 板型

Micro ATX 可简写为 MATX，与 ATX 兼容，如图 2-27 所示。Micro ATX 主板把扩展插槽减少为 3~4 个，内存插槽为 2~3 个，从横向减小了主板宽度，比 ATX 标准主板结构更为紧凑。目前很多品牌机主板使用了 Micro ATX 标准，在 DIY 市场上 Micro ATX 主板也较多。

图2-27 MATX 结构主板

2.4.2 主板的主要结构

主板上的主要结构要素包括以下内容。

1. 主板的接口

主板的接口一般有 IDE 接口和 SATA 接口。

2. 主板的插座

主板上的插座主要是 CPU 插座和电源插座、前置面板插座和主板扬声器插座。

3. 主板的插槽

主板上的插槽类型比较多，一般常用的有 AGP 插槽、内存插槽、PCI 插槽以及 PCI-Express 插槽。图 2-28 所示为主板上的插槽。

4. 主板的芯片组

如图 2-29 所示，主板的芯片组由北桥芯片和南桥芯片组成。CPU 通过主板芯片组对主板上的各个部件进行控制。按照芯片组的不同，可分为以下一些比较有代表性的类型。

图2-28 主板插槽

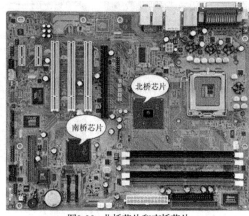

图2-29 北桥芯片和南桥芯片

- Intel 系列：Intel P43、Intel P45、Intel P55、Intel H55、Intel H57、Intel H67。
- AMD 系列：AMD780G、AMD880G、AMD790GX、AMD770、AMD870。
- nVIDIA 系列：nForce 520、nForce 6100-430、GeForce 6150B、GeForce 6150SE。
- VIA 系列：K8M890、K8T890、K8T800、P4M800。
- ATI 系列：RS350、RS480、RS600。

5. 主板的外部接口

主板安装在机箱中以后，外部接口一般位于机箱的背面。常见的外部接口有 PS/2 接口、USB 接口、串行接口、并行接口、集成网卡接口和集成声卡接口，如图 2-30 所示。

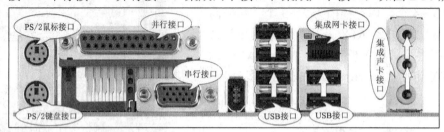

图2-30 主板外部接口

2.4.3 主板的选购方法

市场上的主板产品种类繁多，下面将介绍一些选购主板的方法。

1. 查看主板对 CPU 的支持情况

主板的 CPU 插槽类型直接决定了使用的 CPU 的类型。随着 CPU 的发展，主板上的 CPU 插槽类型也不断地更新换代，而目前市场上主板的 CPU 插槽类型主要有两大类。

(1) Intel 平台 CPU 插槽。

支持 Intel 系列处理器的 CPU 插槽，目前市场上主要有 LGA775 和 LGA1366 两种类型，分别对应支持 Intel 各个系列的 CPU，其外观如图 2-31 和图 2-32 所示。

(2) AMD 平台 CPU 插槽。

支持 AMD 系列处理器的 CPU 插槽，目前市场上主要有 Socket AM2 和 Socket AM2+两种类型，但这两种插槽类型的外观基本相同，如图 2-33 所示。

图2-31 LGA775

图2-32 LGA1366

图2-33 Socket AM2/AM2+

要点提示　　在选购主板之前，一般都确定了所选购 CPU 的类型和型号，因此就要选择与之匹配的主板。Intel 和 AMD 两家公司的 CPU 都具有两种接口类型，其中 Intel CPU 的两种接口由于针脚数不同而不能兼容，在选购支持 Intel CPU 的主板时要注意区别；而 AMD CPU 的两种接口由于针脚数相同，一般情况下主板都兼容这两种接口类型。

2. 查看主板的总线频率

主板的前端总线频率直接影响 CPU 与内存的数据交换速度，前端总线频率越大，则 CPU 与内存之间的数据传输量越大，也就更能充分发挥出 CPU 的性能。目前，市场上主板的总线频率主要有：FSB 800MHz、FSB 1 066MHz、FSB 1 333MHz、FSB 1 600MHz、

HT1.0、HT2.0、HT3.0 等。

选购主板时应保证主板的总线频率要大于等于 CPU 的总线频率，这样才能发挥出 CPU 的全部性能。如果考虑到以后要对 CPU 进行升级，可尽量选择总线频率更大的主板。

3. 查看主板对内存的支持情况

(1) 查看支持的内存类型。

当前的主板主要支持 DDR2 和 DDR3 的内存，对于一般用户，选择支持 DDR2 内存的主板便可满足使用要求；而对于追求高性能的用户，则可以选择支持 DDR3 内存的主板。

(2) 查看对内存工作频率的支持情况。

DDR2 内存的工作频率最高可达到 1 200MHz，而 DDR3 内存的工作频率则可达到 2 000MHz 或更高。在选购时应保证主板支持的工作频率要大于等于所选购内存的工作频率。

(3) 查看主板对内存通道数的支持情况。

若选择支持 DDR2 内存的主板，则查看其是否支持双通道，如图 2-34 所示；若选择支持 DDR3 内存的主板，则查看其是否支持三通道，如图 2-35 所示。

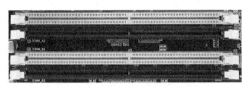
图2-34　DDR2 双通道内存插槽

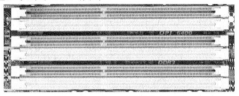
图2-35　DDR3 三通道内存插槽

4. 查看主板对显卡支持情况

若选购的计算机主要用于文件办公等一些对显卡性能要求不高的场合，并且购机预算不多时，则可选择集成显卡的主板，这样可很大程度地减少资金的投入。

若需要使用独立显卡，则应查看主板的显卡插槽类型是否与所选购的显卡接口类型相同。对于一些高级图形图像处理用户和游戏爱好者，若想使用双显卡，则应查看主板显卡插槽的个数以及对双显卡的支持情况，如图 2-36 所示。

图2-36　支持双显卡的主板

5. 查看其他外部接口

主板上的外部接口主要有 USB 接口、串口、并口等，这些需要根据使用外设的情况来确定。例如，要使用并口打印机，则必须选择有并口的主板。

6. **查看主板集成声卡和集成网卡的情况**

当前市场上的主板大多集成了声卡和网卡，在选购主板时可查看集成的声卡和网卡是否满足需求，如声卡支持的声道数、网卡的传输速率等。

7. **注意主板的制造工艺**

正规厂商生产的主板有以下几个重要特征。

各个部件（包括插槽、插座、半导体元器件、大电容等）的用料都很讲究。

在线路布局方面采用"S 形绕线法"。所谓"S 形绕线法"就是为了保证一组信号线长度一致，而将某些直线距离较短的线进行"S"形布线的绕线方法。

- 做工精细、焊点圆滑，接线头及插座等没有任何松动。
- 板上厂家型号（及跳线说明）印字清晰。
- 外包装精美。
- 备有详细的使用说明书。

2.4.4 辨别主板的真伪

下面介绍用优化大师辨别主板真伪的方法。

【例2-1】 使用优化大师辨别主板真伪。

 操作步骤

(1) 启动优化大师。

(2) 在窗口左边单击【处理器与主板】选项，右边的界面会显示 CPU 和主板相关信息，单击"主板"前的"+"，将其展开，就可以看到主板的详细参数，如制造商、芯片组等，如图 2-37 所示。这些信息对辨别主板真伪是很有用的。

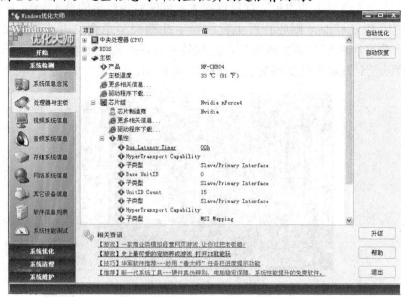

图2-37 优化大师显示的主板参数

 问题思考
　　(1) 主板有哪些著名的品牌？
　　(2) 如何辨别主板的真伪？

2.5 选购硬盘

硬盘是计算机系统中用来存储大容量数据的设备，是计算机系统的仓库，其存储信息量大，安全系数也比较高，是长期保存数据的首选设备。

2.5.1 硬盘的主要参数

目前，硬盘的主流品牌有希捷（Seagate）、迈拓（Maxtor）、西部数据（WD）、三星（Samsung）、日立（Hitachi）、易拓（ExcelStor）等。其中日立、三星主要生产笔记本硬盘，台式机硬盘方面涉及极少。

1. 单碟容量

一个硬盘里面可安装数张碟片，单碟容量就是指一张硬盘碟片的容量。图 2-38 所示为硬盘的背面，即电路板部分。硬盘的盘片具有正、反两个存储面。两个存储面的存储容量之和就是硬盘的单碟容量。

2. 硬盘转速

从理论上说，转速越快，硬盘读取数据的速度也就越快，但是速度的提升会产生更大的噪声和热量，所以硬盘的转速是有一定限制的。

3. 硬盘缓存

硬盘缓存是指硬盘内部的高速存储器。目前主流硬盘的缓存主要有 8MB、16MB、32MB 几种。

图2-38 硬盘背面

4. 平均寻道时间

平均寻道时间越小越好，现在选购硬盘时应该选择平均寻道时间低于 9ms 的产品。

5. 平均访问时间

平均访问时间越短越好，一般硬盘的平均访问时间为 11～18ms，现在选购硬盘时应该选择平均访问时间低于 15ms 的产品。

6. 内部数据传输率

内部数据传输率的单位为 Mbit/s，指硬盘将目标数据记录在盘片上的速度，一般取决于硬盘的盘片转速和盘片数据线的密度。

7. 外部数据传输率

外部数据传输率指计算机通过接口将数据交给硬盘的传输速度。

2.5.2 硬盘的选购原则

由于目前计算机的操作系统、应用软件和各种各样的影音文件的体积越来越大，因此选购一个大容量的硬盘是必然趋势。

1. 容量

容量是用户最关心的一个硬盘参数，更大的硬盘容量意味着有更多的存储空间。现在市面上主要的硬盘容量为 250GB、320GB、500GB 甚至 1TB 以上。

在选购硬盘尤其是大容量硬盘时，还要注意查看硬盘的单碟容量和碟片数。在相同容量的情况下，单碟容量越大，硬盘越轻薄，持续数据传输速度也越快。

2. 接口

必须考虑主板上为硬盘提供了何种接口，否则购买回来的硬盘可能会由于主板不支持该接口而不能使用。目前，市场上 PC 硬盘常见接口为 IDE 和 SATA，如图 2-39 和图 2-40 所示。

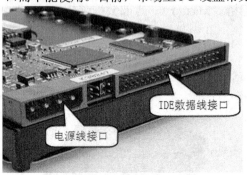

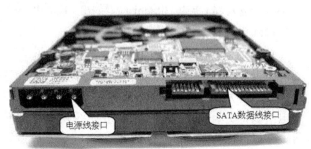

图2-39 IDE 接口　　　　　　　　　　　　　图2-40 SATA 接口

IDE 接口即电子集成驱动器，是指将硬盘控制器与盘体集成在一起的硬盘驱动器。目前厂商已很少生产。

> **要点提示** SATA（Serial ATA）接口的硬盘又叫串口硬盘，是现在计算机硬盘的主流。其结构简单、支持热插拔。与以往硬盘相比其最大的优势在于能对传输指令（不仅是数据）进行检查，如果发现错误会自动校正，这在很大程度上提高了数据传输的可靠性。

3. 缓存

缓存容量的加大使得更多的系统等待时间被节约。因此，缓存的大小对于硬盘的持续数据传输速率有着极大的影响。目前，市面上主流硬盘的缓存为 8MB、16MB、32MB 等。

> **要点提示** 在数据写入磁盘的操作中，数据会先从系统主存写入缓存，一旦这个操作完成，系统就可以转向下一个操作指令，而不必等待缓存中的数据写入盘片的操作完成。而硬盘则在空闲（不进行读取或写入的时候）时再将缓存中的数据写入到盘片上。这样，系统等待的时间被大大缩短。

4. 售后服务

目前硬盘的质保期多为 1～3 年，有些硬盘（如希捷）在提供 3 年免费维修的基础上增加了 2 年付费维修，并称之为"3+2"的 5 年质保。另外，有些硬盘公司甚至提供了数据恢复业务，只是价格很高。

2.5.3 辨别硬盘的真伪

一般硬盘的"伪"是指不法商家以次充好的现象，如通过篡改硬盘外部标识等手法欺骗消费者等。

【**例2-2**】 辨别硬盘的真伪。

 操作步骤

(1) 在 Windows XP 操作系统桌面上用鼠标右键单击【我的电脑】图标。

(2) 在弹出的快捷菜单中选择【属性】命令，弹出如图 2-41 所示的【系统属性】对话框。

(3) 切换到【硬件】选项卡，如图 2-42 所示。

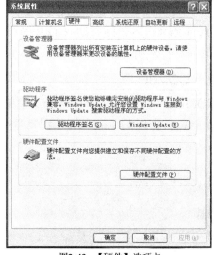

图2-41 【系统属性】对话框   图2-42 【硬件】选项卡

(4) 单击 设备管理器(D) 按钮，打开【设备管理器】窗口，如图 2-43 所示。

(5) 双击【磁盘驱动器】将其展开，可以看到硬盘的型号为 WDC WD400BB- 23DEA0，如图 2-44 所示。

图2-43 【设备管理器】窗口   图2-44 查看硬盘型号

 问题思考
    (1) 硬盘的主要参数有哪些？
    (2) 如何辨别硬盘的真伪？

 ## 2.6 选购光驱

光驱是光存储设备（又叫光盘存储器）的简称。随着多媒体技术的发展，目前的软件、影视剧、音乐都会以光盘的形式提供，使得光驱已经成为计算机系统中标准的配置。

2.6.1 光驱的分类

目前市场上的光驱产品主要有 DVD-ROM、COMBO（康宝）和 DVD 刻录机、BD-ROM 等。

1. DVD-ROM

DVD-ROM 不仅能读取 CD-ROM 所支持的光盘格式，还能读取 DVD 格式的光盘。DVD-ROM 的外观如图 2-45 所示。

2. COMBO

COMBO（康宝）是一种特殊类型的光存储设备，它不仅能读取 CD 和 DVD 格式的光盘，还能将数据以 CD 格式刻录到光盘中。COMBO 的外观如图 2-46 所示。

图2-45 DVD-ROM

图2-46 COMBO

3. DVD 刻录机

DVD 刻录机不仅包含以上光驱类型的所有功能，而且还能将数据刻录到 DVD 或 CD 刻录光盘中。DVD 刻录机的外观如图 2-47 所示。

4. BD-ROM

BD-ROM（蓝光刻录机）如图 2-48 所示，是新一代光技术刻录机，具备新一代 BD 技术的海量存储能力，其数据读取速度是普通 DVD 刻录机的 3 倍以上，同时支持 BD-AV 数据的捕获、编辑、制作、记录以及重放功能，光盘单片容量已达 100GB 以上。

图2-47 DVD 刻录机

图2-48 蓝光刻录机

2.6.2 光驱的主要参数

要选择合适的光驱，就要对它的参数进行一定的了解，根据需要进行选购。

1. 数据读取与刻录速度

光驱的数据读取与刻录速度都以倍速来表示。对于 CD 光盘，单倍速为 150KB/s；对于 DVD 光盘，单倍速为 1 358KB/s。光驱的最大读取速度为倍速值与单倍速的乘积。例如，对于 52 倍速的 CD-ROM 光驱，其最大读取速度为 52×150KB/s = 7 800KB/s。

2. 平均寻道时间

平均寻道时间是指光驱的激光头从原来的位置移动到指定的数据扇区，并把该扇区上的第一块数据读入高速缓存花费的时间。一般情况下其值越小，光驱的性能越好。根据 MPC3 标准，光驱的平均读取时间要小于 250ms，目前的光驱产品通常在 120ms 左右。

3. 缓存容量

通常光驱内部都带有高速缓存存储器，用于暂时存储与主机之间交换的数据。当增大缓存容量后，光驱连续读取数据的性能会有明显提高，因此缓存容量对光驱的性能影响比较大。目前普通光驱大多采用 128KB～2MB 缓存容量，而刻录机一般采用 2MB～16MB 缓存容量。

2.6.3 光驱的选购原则

选购光驱时，主要遵循以下原则。

1. 确定光驱的类型

如果只需要进行数据的读取，则可选择 CD-ROM 或 DVD-ROM；若要进行少量数据的刻录存储，则可选择 CD 刻录机或 COMBO；若要进行大量数据的刻录存储，则应选择 DVD 刻录机。

2. 查看读取或刻录的速度

通常光驱的读取或刻录速度越快，其噪声和发热量也越大，在选购时应根据对速度的要求选择适合的光驱产品。

对于普通用户，一般可选择对 CD 光盘的最大读取和刻录速度分别为 52 倍速和 48 倍速左右的产品；对 DVD 光盘的最大读取和刻录速度分别为 12 倍速和 16 倍速左右的产品。

3. 查看缓存大小

光驱的缓存大小对读取速度和刻录速度都有很大的影响，在价格允许范围内应尽量选择缓存较大的产品。

如何识别各种光驱的参数？

2.7 选购显卡

显卡是计算机系统中主要负责处理和输出图形的配件，如图 2-49 所示。显示器必须要在显卡的支持下才能正常工作。有些主板把显卡集成在主板上，从而降低了装机成本，但集成显卡的性能一般较差。

正面

背面

图2-49 显卡

2.7.1 显卡的分类

现在市场上的显卡大多采用 ATI 和 NVIDIA 两家公司的图形芯片，如图 2-50 和图 2-51 所示。市场上知名的品牌有：七彩虹（Colorful）、盈通（Yeston）、影驰（Galaxy）、迪兰恒进（PowerColor）、微星（MSI）、昂达（ONDA）、丽台（Leadtek）、小影霸（Hasee）等。

图2-50 ATI

图2-51 NVIDIA

2.7.2 显卡的主要参数

影响显卡性能的参数有图形芯片、核心频率、显存频率、显存容量、显存位宽、显存速度、SP 单元等。下面介绍显卡几项主要的性能参数。

1. 图形芯片

图形芯片型号中的第 1 位数字代表推出时间，第 2 位数字代表其性能。例如，GeForce 9300M 中的"9"指采用了第 9 代技术，而 GeForce 8600M 则采用第 8 代技术。

对于同一个型号的图形芯片，根据后缀字母的不同，其性能也存在较大差异。一般情况下，同一型号的图形芯片，性能从低到高其后缀字母依次为 G、GS、GT、GTS、GTX。

2. 显存速度

显存芯片的速度越快，单位时间内交换的数据量也就越大，在同等条件下，显卡性能也将会得到明显的提升。

3. 显存位宽

显存位宽越大，数据的吞吐量就越大，性能也就越好。

4. 显存容量

理论上讲，显存容量越大，显卡性能就越好。而实际上，在普通应用中，显存容量大小并不是显卡性能高低的决定性因素，而显存速度和显存位宽才是影响显卡性能的关键性指标。

2.7.3 显卡的选购原则

显卡一般需要根据自己的需求来进行选择，然后多比较几款不同品牌同类型的显卡，通过观察显卡的做工来选择显卡，还有重要的一点是显存的容量一定要看清楚。

1. 定位显卡档次

不同的用户对显卡的需求不一样，需要根据自己的经济实力和需求情况来选择合适的显卡。

- 办公应用类：这类用户只需要显卡能处理简单的文本和图像即可，一般的显卡和集成显卡都能胜任。
- 普通用户类：这类用户应用多为上网、看电影、玩一些小游戏，对显卡的性能有一定的要求但不高，并且也不愿在显卡上面多投入资金，一般 300~500 元左右的显卡完全可以满足需求。
- 游戏玩家类：这类用户对显卡的要求较高，需要显卡具有较强的 3D 处理能力和游戏性能，一般考虑市场上性能强劲的显卡。
- 图形设计类：图形设计类的用户对显卡的要求非常高，特别是 3D 动画制作人员。这类用户一般选择市场上顶级的显卡。

2. 选择图形芯片

图形芯片是决定显卡性能的最主要因素，图形芯片性能越高，显卡的价格也越高，在选购时应根据实际需要进行选择。

3. 查看显存频率

显卡的性能除了由图形芯片的性能决定外，在很大程度上受显存频率的影响。在价格相差不大的情况下应尽量选择显存频率较高的显卡。

4. 确定显存大小

在选购时可根据显示分辨率的大小确定显存的大小，如果使用 1 024 像素×768 像素的分辨率，则使用 128MB 或 256MB 的显存就足够；如果要使用 1 680 像素×1 050 像素或更高的分辨率，则可选择 384MB 或 512MB 显存的显卡。

5. 确定显卡的接口类型

显卡的接口包括与主板显卡插槽相连的总线接口和与显示器相连的输出接口。目前显卡的总线接口主要为 PCI-Express 接口，输出接口主要有 VGA（模拟信号接口）、DVI（数字接口）和 HDMI（高清晰度多媒体接口），如图 2-52 所示。

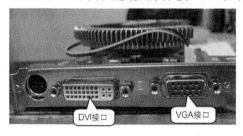 

图2-52 显卡的输出接口

要点提示　要确定显卡输出接口的类型，应根据所使用的显示器类型来定，其中 CRT 和早期的 LCD 显示器大都采用 VGA 接口；后期的 LCD 显示器大都采用了 DVI 接口，使得显示效果得到明显的提升；而 HDMI 接口主要应用于一些高端显示设备。

 问题思考
（1）显卡的主要性能参数有哪些？
（2）如果追求色彩质量，应该选择何种显卡？

2.8 选购显示器

显示器是计算机向用户显示输出的外部设备，是人机交互的重要设备。目前市场上的主流显示器为液晶显示器，如图 2-53 所示。

早期的液晶显示器属于"CCFL 背光液晶显示器"，正逐渐被在亮度、功耗、可视角度和刷新速率等方面有更强优势的"LED 背光液晶显示器"所替代。

图2-53 液晶显示器

2.8.1 显示器的主要参数

显示器的主要参数有以下内容。

1. 尺寸和分辨率

尺寸是指液晶面板的对角线长度，单位为英寸，如 29 英寸、27 英寸、22 英寸、21 英寸、20 英寸、19 英寸等。

 要点提示　分辨率是显示器在出厂时就已经固定了的，只有在最佳分辨率状态下才能达到最佳的显示效果。

2. 亮度

理论上显示器的亮度是越高越好，不过太高的亮度对眼睛的刺激也比较强，因此没有特殊需求的用户最好不要过于追求高亮度。

3. 对比度

对比度是液晶显示器的一个重要参数，在合理的亮度值下，对比度越高，其所能显示的色彩层次越丰富。

4. 显示屏规格

除传统的 4：3 的规格之外，液晶显示器也有专为影视提供的 16：9 和 16：10 两种规格，也就是常说的宽屏显示器。

5. 显示器接口

显示器接口是连接显卡的唯一途径，目前常见的接口有 DVI、HDMI 等几种。

6. 可视角度

液晶显示器显示的光源经折射和反射后输出时已有一定的方向性，在超出一定范围的情况下观看屏幕上的画面，就会产生色彩失真现象。

7. 亮点或坏点

亮点和坏点都属于液晶显示器面板上的故障点，因其不能根据画面变化颜色而只能持续保存一种颜色而得名。

 要点提示 坏点数是厂商对液晶显示器质保的一个标准。早期的显示器坏点数是不在质保范围内的，后来国家强制企业回收坏点或亮点在 3 个以上的液晶显示器。有个别厂商制定了比国家标准更高的回收标准。

2.8.2 显示器的选购原则

显示器的主要选购原则如下。

1. 确定屏幕尺寸

一般用户选择较便宜的 19 英寸的显示器即可，若要追求更大、更好的视觉享受，在资金充足的情况下可选择 22 英寸或 24 英寸以至更大的屏幕。

2. 查看最佳分辨率大小

在相同的屏幕尺寸条件下，最佳分辨率越大，屏幕的显示效果越细腻。一般 19 英寸显示器的最佳分辨率为 1 440 像素×900 像素，22 英寸的为 1 680 像素×1 050 像素，24 英寸的为 1 920 像素×1 200 像素。

3. 查看亮度

亮度用 cd/m^2 衡量。目前液晶显示器的亮度值普遍为 250cd/m^2，在此亮度值条件下显示器显示效果较好，而亮度值太高有可能造成眼睛不舒服。

4. 查看对比度

对比度越高意味着所能呈现的色彩层次越丰富。随着液晶技术的不断成熟，这一指标不断被刷新。而目前使用最多的是动态对比度，从早期的 2 000:1 已经达到了现在的百万：1 的超高对比度。

5. 查看安规认证

一般而言，液晶显示器均应通过 TCO'99 认证。另外，常见的认证还有 CCC 认证、Windows Vista Premium 认证等。

 问题思考
(1) 显示器的主要性能参数有哪些？
(2) 怎样识别显示器的质量？

2.9 选购机箱和电源

电源关系着整台机器的运行质量和寿命，机箱则为各种板卡提供支架，几乎所有重要的配件都安装在机箱里面，一个好的机箱不仅可以承受外界的损害，而且可以防止电磁干扰，从而保证用户的身体健康。

2.9.1 机箱的分类

从结构上看，当前市场上的机箱主要有 ATX 型和 Micro ATX 型。

1. ATX 型

ATX 是目前市场上最常见的机箱结构，如图 2-54 所示。扩展插槽和驱动器仓位较多，扩展插槽数可多达 7 个，而 3.5 英寸和 5.25 英寸驱动器仓位也分别达到 3 个或更多，现在的大多数机箱都采用此结构。

2. Micro ATX 型

Micro ATX 又称 Mini ATX，是 ATX 结构的简化版，就是常说的"迷你机箱"，如图 2-55 所示。扩展插槽和驱动器仓位较少，扩展槽数通常在 4 个或更少，而 3.5 英寸和 5.25 英寸驱动器仓位也分别只有 2 个或更少，多用于品牌机。

图2-54 ATX 机箱

图2-55 Micro ATX 机箱

一般情况下，ATX 型机箱都兼容 Micro ATX 型结构。

2.9.2 机箱的选购原则

机箱的品牌较多，外观样式也多种多样，除了根据个人喜好选择中意的机箱外观以外，还应掌握以下选购方法。

1. 确定机箱的种类

ATX 机箱由于体积大，内部空间充足，利于散热，而且价格普遍要便宜一些，一般情况下若无特殊要求则尽量选择 ATX 机箱；Micro ATX 机箱由于体积小，散热条件没有 ATX 机箱好，一般适用于喜欢时尚外观而且主机配置不高的用户。

2. 查看机箱的扩展性

如果需要经常添加硬件设备或升级，就需要一个空间足够大、扩展性好、各种驱动器仓位较多的机箱。另外，拆装方式也要尽量简便，如选择免螺丝固定的机箱。

3. 注意机箱的做工

选购机箱时应该选择结实耐用、做工精良的机箱。好的机箱应该坚固，不容易变形，有些机箱在内部有横撑杠，能够大幅度增加机箱的抗变形能力。选购时还要检查机箱板材的边缘是否光滑，有无锐口、毛刺等。

一般情况下尽量选择大品牌的机箱，其质量和做工都较好，如多彩、爱国者、金河田等。

2.9.3　电源的主要参数

电源也称为电源供应器，它提供计算机中所有部件所需要的电能，如图 2-56 所示。电源功率的大小、电流和电压是否稳定，将直接影响计算机的工作性能和寿命；电源的接口类型将决定是否能使用特定的设备。

图2-56　电源

1.　额定功率

电源的额定功率是指电源在持续正常工作中可以提供的最大功率，单位为瓦（W）或千瓦（kW），它是主机正常稳定工作的保障，一般情况下该值应大于主机在持续工作时的功率。

2.　最大功率

最大功率是指电源在单位时间内所能达到的最大输出功率。最大功率越大，电源所能负载的设备也就越多，但在此功率下并不能保证持续稳定的工作，而且会加快电源的老化，所以选择电源时尽量以额定功率为准。

2.9.4　电源的选购原则

选择电源时，原则上是功率越大越好，但另一方面，功率越大的电源搭配的电源风扇转速也相应越高，噪声也会随之增加。因此，电源的功率最好与所选配件供电需求匹配，略有盈余，保留升级潜力即可。

1.　确定电源的功率

主机中的耗电部件主要有 CPU、显卡、硬盘、光驱等。对一般的用户，只安装一个硬盘和一个光驱，且对电源没有特殊的要求，一般选择最大功率为 300W 左右的电源即可。但如果安装多个硬盘和光驱，或使用一些利用主机 USB 接口供电的设备时，就应该选择更大功率的电源。

2.　感受电源重量

电源的重量不能太轻，一般来说，电源功率越大，重量应该越重。尤其是一些通过安全标准的电源，会额外增加一些电路板零组件，以增进安全稳定性，重量自然会有所增加。在购买时可拿在手上感受一下电源的重量，一般重量越重的电源其质量也越好。

3.　查看电源的质量认证

在选购时一定要注意电源是否通过国家的"CCC"认证，没有通过认证的电源在各个方面都没有保证，在选购时必须注意。

4.　选择大品牌的产品

大品牌的电源产品质量比较有保证，目前市场上较好的电源品牌有航嘉、长城、多彩、金河田等，选购时可尽量选择这些厂家的电源。

2.10 选购键盘、鼠标和音箱

鼠标和键盘是计算机主要的输入设备，其质量的好坏直接影响用户使用时的舒适度，特别是对于需要长时间使用鼠标和键盘的用户，好的设计可有效保护用户手的健康，所以应引起注意。

2.10.1 键盘的分类

键盘根据接口和结构的不同可以分为不同的类型。

1. 按照键盘的接口分类

目前市场上的键盘按接口分主要有 PS/2 接口（见图 2-57）键盘和 USB 接口（见图 2-58）键盘。

图2-57 PS/2 接口

图2-58 USB 接口

PS/2 键盘的接口颜色通常为紫色；USB 接口是一种即插即用的接口类型，并且支持热插拔。

2. 按照结构特点分类

键盘种类较多，如带夜光显示的键盘（见图 2-59）、无线键盘以及兼顾多媒体功能的键盘等。

图2-59 夜光显示键盘

多媒体键盘是在普通键盘上面增加一些按钮，这些按钮可以实现调节音量、启动 IE 浏览器、打开电子邮箱、运行播放软件等功能，这样可使键盘的功能得到扩展，如图 2-60 所示。

一般无线键盘的有效距离在 5m 左右，在这个范围内用户可以随心所欲地移动手中的键盘而不影响操作。无线键盘需要安装一个 USB 接口的收发器，用来接收键盘发出的无线信号，如图 2-61 所示。

图2-60 多媒体键盘

图2-61 无线键盘

2.10.2 键盘的选购原则

拥有一款好的键盘，不仅在外观上可得到视觉享受，在操作的过程中也会更加得心应手。下面将介绍选购键盘的方法。

1. 看外观

一款好的键盘能使用户从视觉上感觉很顺眼，而且整个键盘按键的布局合理，按键上的符号很清晰，面板颜色也很清爽，在键盘背面有厂商名称、生产地和日期标识。

2. 实际操作手感

手感好的键盘可以使用户迅速而流畅地打字，并且在打字时不至于使手指、关节和手腕过于疲劳。

检测键盘手感非常简单，用适当的力量按下按键，感觉其弹性、回弹速度、声音几个方面。手感好的键盘应该弹性适中、回弹速度快而无阻碍、声音低、键位晃动幅度较小。

3. 生产工艺和质量

拥有较高生产工艺和质量的键盘表面和边缘平整、无毛刺，同时键盘表面不是普通的光滑面，而是经过研磨的表面。按键字母则是使用激光刻写上去的，非常清晰和耐磨。

4. 使用的舒适度

键盘的使用舒适度也很重要，特别是对于那些需要长时间进行文字输入的用户来说，一个使用舒适的键盘是必不可少的。建议需要长时间打字的用户选用人体工程学键盘，这种键盘虽然价格稍贵，但是可以让手指和手腕不会因为长时间弯曲而出现劳损。

2.10.3 鼠标的分类

按鼠标的接口类型可分为 PS/2 鼠标、USB 鼠标和无线鼠标。

按鼠标的工作原理可分为机械式鼠标、光电式鼠标和激光式鼠标。机械式鼠标如图 2-62 所示，它使用滚珠作为传感介质，现在市场上已无此类产品，只在一些较老的计算机上还有使用。光电式鼠标如图 2-63 所示，它使用 LED 光作为传感介质，是目前应用最广泛的鼠标类型。激光式鼠标使用激光作为传感介质，相比光电式鼠标具有更高的精度和灵敏度，如图 2-64 所示。

图2-62 机械式鼠标

图2-63 光电式鼠标

图2-64 激光式鼠标

2.10.4 鼠标的选购原则

鼠标是可视化操作系统下重要的输入设备，目前使用的鼠标主要是光电鼠标，在选购时要注意以下几点。

1. 感受鼠标的手感

手感包括鼠标的大小是否合适，握在手中是否舒适，鼠标表面触感是否舒适，移动是否方便等。在选购时可将鼠标握在手中操作一会，以实际感受一下操作的舒适度。

2. 确定鼠标的接口

对于鼠标接口的选择通常没有特殊要求，只是 USB 接口的鼠标支持热插拔，使用更加方便，在选购时可尽量选择 USB 接口的鼠标。

2.10.5 音箱的主要参数

当前个人计算机迅速普及，而其强大的多媒体功能也在逐渐影响和转变大众休闲娱乐的方式。音箱是多媒体应用的一种重要输出设备，如图 2-65 所示。

图2-65 音箱

1. 功率

功率决定音箱所能发出的最大声音强度。主要有两种标注方式：额定功率和峰值功率。

- 额定功率：是指在额定频率范围内给扬声器一个规定了波形的持续模拟信号，扬声器能够长时间正常工作的最大功率值。
- 峰值功率：是指在扬声器不发生损坏的条件下瞬间能达到的最大功率值。

2. 失真度

失真度是指声音的电信号转换为声波信号过程中的失真程度，用百分数表示，值越小越好。一般允许的范围在 10%以内，建议最好选购失真度在 5%以下的音箱。

3. 信噪比

信噪比是指音箱回放的正常声音信号与无信号时噪声信号的比值，用分贝（dB）表示。信噪比数值越高，噪声越小。一般音箱的信噪比不能低于 80dB，低音炮的信噪比不能低于 70 dB。

4. 阻抗

阻抗是指输入信号的电压与电流的比值，单位是 Ω。音箱的输入阻抗一般分为高阻抗和低阻抗两类，高于 16Ω 的是高阻抗，低于 8Ω 的是低阻抗，而太高和太低都不好，一般选购标准阻抗为 8Ω 的音箱。

2.10.6 音箱的选购原则

音箱的品牌很多，且没有一个明确的设计技术标准，所以在选购音箱时主要应根据实地感受进行选择。

1. 确定选购木质音箱还是塑料音箱

木质音箱由于在厚度、板材以及密度方面可以有更多的选择，从而有效降低了箱体本身谐振对回放声音的干扰，使音质更纯净。

塑料音箱不仅在价格上有较大优势，还可以有各种时尚漂亮的外观，若厂家技术水平较好，则在音质方面也并不会低于木质音箱，如图 2-66 所示。

飞利浦 SPA5300

漫步者 e3350

图2-66 具有漂亮外观的塑料音箱

2. 考虑空间大小

空间的大小对音箱回放声音的音质也有较大影响，应根据居室空间的大小选购功率适宜的音箱，对于普通的 $20m^2$ 左右的房间，60W 功率（即有效输出功率为 30W×2）的音箱就已经足够。

另外，在音箱的体积方面还应考虑电脑桌空间的大小以及携带是否方便，对于笔记本电脑用户可选购时尚小巧的便携式音箱，如图 2-67 所示。

奥特蓝星 iM7

漫步者 Ramble

爵士 J1100

图2-67 具有时尚外观的便携式音箱

3. 查看音箱做工

质量好的音箱通常外形流畅平滑、色泽细腻均匀。在选购时可查看音箱箱体的各结合处是否均匀紧密；音箱上的标记或花纹是否精致、端正、清晰；音箱上按钮和插孔的位置是否分配合理；如果允许打开音箱，再查看内部各零件和布线等是否简洁合理。

4. 实地试听音箱效果

用音箱播放音乐，将音量调节至最大，然后离开 30cm 的距离，此时应无明显的噪声；播放轻柔的音乐以感受音质是否清晰流畅；播放快节奏高分贝的音乐来检测音箱是否有足够的功率来体现震撼的音效而无明显失真；慢慢地调节音量，要保证音量增加和减小均匀自然。另外，在关闭音箱时质量好的音箱应无较大的冲击声。

2.11 笔记本电脑的选购

笔记本电脑由于其便携性而使移动办公成为可能，现在的笔记本电脑更是在保持性能的前提下，外形越来越小巧、轻薄，其市场容量迅速扩展，越来越受到用户的推崇。

2.11.1 笔记本电脑的主流品牌

目前常见的笔记本电脑产品大致可以分为以下几类品牌。

1. 国际品牌

国际品牌主要是美国、韩国和日本的品牌，包括联想 IBM（ThinkPad）、东芝（Toshiba）、戴尔（Dell）、惠普康柏（Compaq）、惠普（HP）、索尼（SONY）、NEC、三星（Samsung）、富士通（Fujitsu）、松下（Panasonic）、苹果（Apple）、LG等。其产品品质较为优秀，市场份额相当高，当然价格也最贵。

2. 国内品牌

中国台湾地区的品牌主要包括宏基（Acer）、华硕（ASUS）、伦飞、联宝等。这类笔记本电脑技术成熟，价格相对便宜，购买的人也非常多。大陆地区品牌笔记本电脑分两个层次，高端有明基（BenQ）和联想，低端有方正、紫光、同方、TCL、神州、新蓝、七喜、海尔和长城。由于价格便宜、维修方便，越来越受到用户喜爱。

2.11.2 笔记本电脑选购要点

笔记本电脑的选购要点如下。

1. 主板

笔记本电脑的集成度非常高，一些主要功能都集中在主板上，主板的性能好坏直接决定了整机的性能。

Intel 的芯片组性能与质量是最好的，价格也最贵。除此之外，最常见的就是 SIS 和 ALI 的芯片组了，低价位的机器一般都采用这两种芯片，稳定程度也不错。

2. CPU

笔记本电脑上的 CPU 是"笔记本电脑专用处理器"，俗称"MobileCPU"，它可以根据实际运行的需求来控制 CPU 运行的频率，以减低功耗。

在 Windows XP 系统下，用鼠标右键单击【我的电脑】图标，在弹出的快捷菜单中选择【属性】命令，在系统状态栏中的处理器信息中可以看到有两个频率，一个是最高频率，一个是现在的运行频率。而台式机 CPU 只有一个频率。

3. 屏幕

选购时，需要注意以下 3 个方面。

- 坏点问题。在笔记本电脑上打开一幅单色的图像，仔细观察有无特别的亮点就可以了。

- 反应时间。最简单的测试办法就是打开一页特别长的文本，按住向下键向下滚屏，观察屏幕就知道了。反应时间越短越好。
- 液晶屏本身的档次。现在 LED 背光屏已成为笔记本电脑屏幕的主流，随着技术的发展，触摸屏、3D 屏等也在笔记本电脑上得到应用。

4. 电池使用时间

使用持久性是笔记本电脑非常重要的一个技术指标，而电池的容量决定了笔记本电脑使用的持久性。现在市场上大多数笔记本采用普通锂离子电池（Li-ion），锂聚合物电池则被部分高档超薄型笔记本电脑所使用。

目前，笔记本电脑的电池容量一般为 3 000～4 500mAh，也有极少数配备 6 000mAh 的。数值越高，在相同配置下的使用时间就越长。

5. 硬盘容量

目前的笔记本硬盘以 250GB 和 320GB 为主流配置。除容量外，还要考虑硬盘的厚度、转速、噪声、平均寻道时间、是否省电等方面的参数。

2.12 综合案例——确定配机方案

在购买计算机前，必须要思考以下问题。

购买计算机的目的是什么？购买的计算机是用来做什么的？例如，上网、写文档、编程、打游戏、做图形设计等。不同的需求需要不同的配置，一定要量身定做。

购买预算是多少？如果资金充裕，那么就可以选择质量好的一线品牌；如果资金不足，在不愿降低配置的情况下，只能选择质量差一点的二线品牌。

要把资金重点投在什么地方？其实这一点的答案会受第一个问题的影响。一般来说，资金都不可能太充裕，这就要求用户做出取舍。愿意购买高性能的 CPU 来提高运算能力，还是购买高性能的显卡满足游戏的要求，或购买高性能的主板为以后升级留下更多空间？

【例2-3】 普通办公配置方案分析。

一般来说，普通办公用机对性能要求不高，选择一般的 CPU，显卡可使用主板集成，内存够用即可，通常外设较少，电源功率要求不高，由此拟定如表 2-3 所示的配置方案。

表 2-3　　　　　　　　　　　　普通办公用机配置方案

配件类别	产品名称	主要参数	目前参考报价
CPU	Intel Celeron 双核 E3200（散）	双核心，45nm 制程，主频 2 400MHz，总线频率 800MHz，二级缓存 1MB，插槽类型 LGA 775	260 元
主板	映泰 G31-M7 TE	集成显卡/声卡/网卡，LGA 775 插槽，总线频率 1 600MHz，支持 DDR2 800 内存（VGA 接口），采用 Intel G31+ICH7 芯片组	379 元
内存	金士顿 1GB DDR2 800	类型 DDR2，容量 1GB，工作频率 800MHz	150 元
硬盘	WD 320GB 7200 转 16MB（串口/YS）	硬盘容量 320GB，接口类型 SATA，缓存 16MB，转速 7 200r/min，接口速率 Serial ATA 300	275 元

续表

配件类别	产品名称	主要参数	目前参考报价
显卡	主板集成	无	0 元
显示器	美格 GMC1960	显示屏尺寸 19 英寸，最佳分辨率 1 440 像素×900 像素，接口类型 D-Sub，亮度 250 cd/m²，对比度 10 000:1，黑白响应时间 5ms	699 元
光驱	华硕 DVD-E818A3	DVD-ROM，缓存容量 198 KB	115 元
机箱和电源	大水牛 A0707（带电源）	机箱结构 ATX/MicroATX，电源功率 240W	190 元
鼠标和键盘	LG 黑珍珠防水套装	有线光电，PS/2 接口	60 元

价格总计： 2 133 元

备注：此价格来源于"中关村在线"2011 年 6 月报价

【例2-4】 家庭娱乐配置方案分析。

家庭娱乐用机一般对性能要求比较高，而且在图形图像方面也希望有较高的画质和效果，因此，CPU 可选择 AMD 的中端产品，使用中端独立显卡，内存选用目前主流容量，可选择比较大的显示器，由此拟定如表 2-4 所示的配置方案。

表 2-4　　　　　　　　　　家庭娱乐用机配置方案

配件类别	产品名称	主要参数	目前参考报价
CPU	AMD 速龙 II X4 630(盒)	4 核心，45nm，主频 2 900MHz，总线频率 2 000MHz，二级缓存 2MB，接口类型 Socket AM3	650 元
主板	梅捷 SY-A7M3+ 节能特攻版	ATX 板，采用 AMD 770+SB710 芯片组，支持双通道 DDR3 1 333 内存 CPU 插槽 Socket AM2/AM2+/AM3，总线频率支持 HT3.0 总线，显卡插槽 PCI-E 2.0 16X，集成声卡网卡	599 元
内存	金士顿 2GB DDR3 1333	类型 DDR3，容量 2GB，工作频率 1 333MHz	110
硬盘	WD 500GB 7 200 转 16MB（串口/RE3）	Serial ATA 接口，容量 500GB，缓存 16MB	270 元
显卡	影驰 GT240 中将版	显卡芯片 GeForce GT240，制造工艺 40nm，显存类型 GDDR5，显存容量 512 MB，显存速度 0.5ns，显存频率 3 400MHz	550 元
显示器	AOC e2040V	LED 背光液晶显示器，20 英寸 16:9 宽屏，最佳分辨率 1 600 像素×900 像素，亮度 250 cd/m²，动态对比度 2000 万:1，黑白响应时间 5ms	899 元
光驱	三星 TS-H663B	DVD 刻录机，缓存容量 2MB	165 元
机箱和电源	技展 AP-10 机箱+航嘉 冷静王钻石 2.3 版本电源	机箱结构 ATX/Micro ATX，电源额定功率 300W	165+199 元
鼠标和键盘	双飞燕 520X 网吧专爱套装	有线光电，PS/2 接口	80 元

价格总计： 3 680 元

备注：此价格来源于"中关村在线"2011 年 6 月报价

【例2-5】 图形图像处理配置方案分析。

图形图像处理用机一般对性能要求很高，尤其是对于需要进行大型三维渲染的场合，不仅数据计算量大，对画质的要求也较高，因此可选择 Intel Core 高端 CPU 和高端显卡。

在内存方面应配置较大容量的内存以存储计算过程中的大量数据，同样也应尽量选择较大容量的硬盘。

为了获得较好的画质和较大的可视面积，显示器应选择画面效果较好且屏幕较大的。

由于使用高端 CPU、高端显卡以及大容量的内存和硬盘，所以对机箱的散热要求和电源的功率要求也较高。

由此拟定如表 2-5 所示的配置方案。

表 2-5　　　　　　　　　　　　　　图形图像处理用机配置方案

配件类别	产品名称	主要参数	目前参考报价
CPU	Intel Core i7 930（盒）	4 核心，主频 2 800MHz，QPI 总线 4.8GT/s，二级缓存 1MB，三级缓存 8 MB，接口类型 LGA 775，45nm	1 999 元
散热器	九州风神冰刃至尊版	风扇尺寸 120×120×25mm，最高转速 1 500r/min，使用寿命 3 年	219 元
主板	华硕 P6X58D-E	LGA 1366 插槽，支持双通道 DDR3 2000(OC)/1600/1333/1066 内存，最大支持 24GB，显卡插槽 3 条 PCI-E 2.0 16X，集成声卡网卡，两条 PCI 插槽，1 条 PCI-E 1X	1 799 元
内存	芝奇 6GB DDR3 1600	内存容量 3×2GB，类型 DDR3，工作频率 1 600MHz	1 099 元
硬盘	WD 1TB 7200 转 64MB	容量 1 000GB，缓存 64MB，接口类型 Serial ATA 2.0（3Gbps），接口速率 150MB/s	480 元
显卡	XFX 讯景 GTX285	图形芯片 Geforce GTX 285，显存类型 GDDR3，显存频率 2 500MHz，显存容量 1 024MB，总线接口 PCI Express 2.0 16X	2 499 元
显示器	三星 BX2350	LED 背光液晶显示器，23 英寸 16:9 宽屏，最佳分辨率 1 920 像素×1 080 像素，亮度 250 cd/m²，静态对比度 1 000:1，响应时间 2ms	1 780 元
光驱	先锋 DVR-218CHV	DVD 刻录机，缓存容量 2MB，SATA 接口	165 元
机箱和电源	酷冷至尊 开拓者 P100 机箱+酷冷至尊战斧 500 电源	机箱结构 ATX/Micro ATX，双散热风扇，电源额定功率 460W，最大功率 500W	329+375 元
鼠标和键盘	罗技无影手 Wave 无线键鼠套装	无线激光，精心的舒适感设计	799 元

价格总计：　11 543 元

备注：此价格来源于"中关村在线"2011 年 6 月报价

2.13　实训　模拟配置高性能家用计算机

要求：假设现在有 3 500 元的预算，请按照目前的市场行情，到电脑城或者从网上获取信息，配置一台配置较高的家用综合型计算机，要能满足运行当前常见的游戏，看电影，上网，做文字处理，要求使用 LCD 显示器，其他配件自选。如果资金有富余，可以选择添购打印机等其他外设。最后填写一份实训报告。

实训报告

配 件 名 称	配 件 型 号	价格（单位：元）
CPU		
内存		
主板		
显卡		
硬盘		
显示器		
光驱		
机箱		
电源		
键盘鼠标		

总计：

配置理由：_____

_____

_____

_____

_____

步骤解析

(1) 从网上获取当前的主流产品信息和报价，确定大致的配置意向。

(2) 到电脑城实地考察，货比三家，根据实际情况调整配置。

(3) 选择两到三家质量信誉都有保证的商家，让其按照自己所需要的配置进行报价。

(4) 填写实训报告。

习题

1. 当前台式计算机的 CPU 主要有_____和_____两大品牌。

2. 常见内存有_____、_____和_____。

3. 主板按照板型结构可分为_____和_____。

4. 硬盘按接口类型分类，可分为_____硬盘和_____硬盘。

5. 列举两种常见的显卡插槽。

6. 光驱是易损部件，列举出 5 点光驱维护要注意的事项。

7. 简述检测液晶显示器亮点的方法。

第3章 组装计算机

通过上一章的学习，我们对各类硬件的结构、特点、用途和主要性能指标以及选购要领有了全面的了解，为自己组装计算机奠定了基础。在本章中，我们将详细地介绍计算机的组装过程。

学习目标

- 了解装机前的准备工作。
- 掌握计算机组装的一般过程。
- 掌握计算机组装后的检查与调试。

3.1 组装计算机前的准备工作

在组装计算机前，首先应该了解必要的装机知识并准备必要的装机工具。

3.1.1 部件、环境、工具的准备

组装计算机之前，应先做好以下准备工作。

(1) 部件的准备。

在装机之前，要清查整理好购买的各部件，仔细查看所购买的产品的品牌、规格和计划购买的是否一致，说明书、防伪标志是否齐全，各种连线是否配套等。

(2) 装机环境的准备。

组装计算机需要比较干净的环境；需要有一个工作台（可以是一张宽大且高度合适的桌子）；还需要准备一个多功能的电源插座，以方便测试机器时使用；然后还要准备一个小器皿，盛放一些螺钉和小零件。

(3) 装机工具的准备。

在进行计算机组装之前，需要准备一些工具，如螺丝刀、尖嘴钳、镊子、防静电的手套、万用表、毛刷等，如图3-1和图3-2所示。

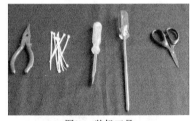

图3-1 装机工具

图3-2 万用表

- 螺丝刀：应尽量选用带磁性的螺丝刀，这样可以降低安装的难度。
- 尖嘴钳：主要用来拧开一些比较紧的螺丝。例如在机箱内固定主板时，就可能用到尖嘴钳。
- 镊子：在插拔主板或硬盘上的跳线时需要用到镊子。
- 防静电手套：由于手上携带的静电很容易击穿晶体管，所以操作时需要带上防静电手套。

- 毛刷：主要用来清理主机板和接口板卡上装有元器件的小空隙处，可避免损伤元器件。

3.1.2 装机操作注意事项

在组装计算机时，要遵守操作规程，注意以下事项。

- 防止静电：由于气候干燥、衣物相互摩擦等原因，很容易产生静电，而这些静电可能损坏设备，从而带来严重的后果。因此，最好在装机前用手触摸地板或洗手以释放掉身上携带的静电。
- 防止液体进入：在装机时要严禁液体进入计算机内部的板卡上，因为这些液体会造成短路使器件损坏。
- 测试前，建议只装必要的设备，如主板、处理器、散热片与风扇、硬盘、光驱以及显卡。其他配件如声卡、网卡等，待确认必要设备没问题后再装。
- 未安装使用的元器件需放在防静电包装袋内。
- 注意保护元器件和板卡，避免损坏。
- 装机时不要先连接电源线，通电后不要触摸机箱内的部件。

3.2 组装计算机的基本步骤

组装计算机时最好事先制订一个组装流程，使自己明确每一步的工作，从而提高组装的效率。组装一台计算机的流程不是唯一的，图 3-3 所示为常见的组装步骤。

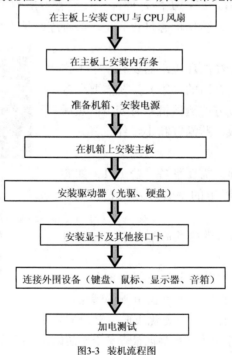

图3-3 装机流程图

3.2.1　安装 CPU 及风扇

CPU 在计算机系统中占有最重要的地位，而在组装计算机时通常也是第一个进行安装的配件。CPU 风扇是 CPU 的散热系统，也需要在安装好 CPU 后一并安装。

【例3-1】　安装 CPU 及风扇。

 操作步骤

(1)　准备配件及材料：主板、CPU、CPU 风扇。

(2)　安装 CPU。

①　首先在桌面上放置一块主板保护垫（在购买主板时会配送），这样是为了保护主板上的器件不受损害，如图 3-4 所示。

②　然后将主板放置到主板保护垫上，如图 3-5 所示。

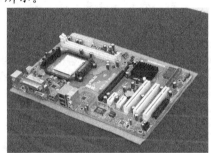

图3-4　主板保护垫　　　　　　　　　　　　　图3-5　放置主板

③　拉起主板上 CPU 插槽旁的拉杆，使其呈 90° 的角度，如图 3-6 所示。

④　将 CPU 安装到主板的 CPU 插槽上，安装时注意观察 CPU 与 CPU 插槽底座上的针脚接口是否相对应，如图 3-7 所示。

图3-6　拉起拉杆　　　　　　　　　　　　　图3-7　针脚相对

⑤　稍用力压 CPU 的两侧，使 CPU 安装到位，如图 3-8 所示。

固定 CPU 位置

图3-8　固定 CPU 位置

⑥　放下底座旁的拉杆，如图 3-9 所示，直到听到"咔"的一声轻响表示已经卡紧，最终效果如图 3-10 所示。

图3-9　放下拉杆

图3-10　CPU 安装完成

⑦　在 CPU 背面涂上导热硅脂，不需要太多，涂上一层即可。其主要作用是填充 CPU 和散热器之间的空隙并传导热量，使 CPU 的热量尽快散去，这样才能使 CPU 更加稳定地工作。

要点提示　如果选购的是盒装 CPU，则会有一个原装的 CPU 散热器，在散热器的底部已经涂了一层导热硅脂，这时就没有必要再在 CPU 上涂一层了。

(3)　安装 CPU 风扇。

①　将 CPU 散热风扇对准主板相应的位置，如图 3-11 所示。

将 CPU 散热风扇平稳地放在 CPU 上

图3-11　放置风扇

②　把扣具的一端扣在 CPU 插槽的凸起位置，如图 3-12 所示。然后固定另一端扣具，如图 3-13 所示。注意，此时切不可用力过大，否则会损坏 CPU。

放下扣具

图3-12　放下扣具

固定扣具

图3-13　固定扣具

③　将 CPU 风扇电源线插入主板相应接口，如图 3-14 所示。

图3-14 连接风扇电源线

3.2.2 安装内存条

【例3-2】 安装内存条。

操作步骤

(1) 准备配件及材料：主板、两根内存条。

(2) 安装内存条。

① 将需要安装内存的内存插槽两侧的塑胶夹脚（通常也称为"保险栓"）往外侧扳动，使内存条能够插入，如图 3-15 所示。

图3-15 扳动塑胶夹脚

② 拿起内存条，将内存条引脚上的缺口对准内存插槽内的凸起部分，如图 3-16 所示。

图3-16 对准缺口

③ 稍微用力垂直向下压，将内存条插到内存插槽并压紧，直到内存插槽两端的保险栓自动卡住内存条两侧的缺口，如图 3-17 所示。

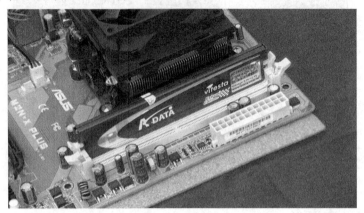

图3-17 插好的内存条

④ 安装第 2 根内存条，操作同上。最终效果如图 3-18 所示。

图3-18 双内存条安装完成

 要点提示　　如果是安装 2 根内存条，一定要选择相同颜色的插槽，如全部选择黄色插槽或全部选择红色插槽，如图 3-19 所示。这里只有两个内存插槽，不必选择，但是读者在安装自己的计算机时，一定要分清楚。

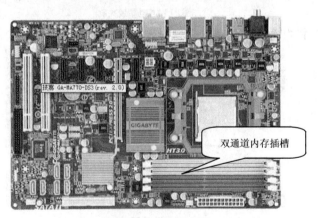

图3-19 双通道内存插槽

3.2.3 安装电源

【例3-3】 安装电源。

 操作步骤

(1) 准备配件及材料：机箱、机箱电源以及螺钉。

(2) 安装电源。

① 将电源置入机箱内，如图 3-20 所示。

图3-20 将电源置入机箱

② 依次使用 4 个螺钉将电源固定在机箱的后面板上，注意第一次不要拧得太紧，如图 3-21 所示。

图3-21 安装电源螺钉

③ 把螺钉全部安上后再将 4 个螺钉依次拧紧，如图 3-22 所示。

图3-22 拧紧螺钉

3.2.4 安装主板

【例3-4】 安装主板。

操作步骤

(1) 准备配件及材料：主板、机箱以及各种工具和螺钉。

(2) 安装主板。

① 安装机箱内的主板卡钉底座，并将其拧紧，如图 3-23 所示。

图3-23 安装主板卡钉底座

② 依次检查各个卡钉位是否正确，如图 3-24 所示。

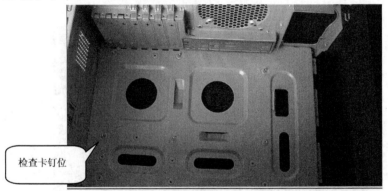

图3-24 检查卡钉位

③ 注意主板上的螺钉孔，如图 3-25 所示。

图3-25 主板的螺钉孔

④ 将主板放入机箱内，注意螺钉孔一定要对齐到卡钉位处，如图 3-26 所示。

图3-26 将主板放入机箱

⑤ 将主板固定在机箱内，采用对角固定的方式安装螺钉，不要一次将螺钉拧紧，而应该在主板固定到位后依次拧紧各个螺钉，如图 3-27 所示。

拧紧螺钉

图3-27 拧紧各个螺钉

3.2.5 安装硬盘

【例3-5】 安装硬盘。

 操作步骤

(1) 准备配件及材料：机箱、硬盘、数据线。

(2) 安装硬盘。

① 安装硬盘自带的滑槽，如图 3-28 所示。安装完成后的结果如图 3-29 所示。

图3-28 安装滑槽

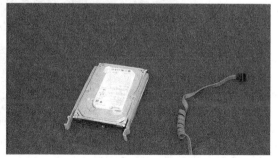

图3-29 安装完成后的硬盘

② 将硬盘安装到机箱内，如图 3-30 所示。

图3-30 将硬盘安装到机箱内

③ 连接硬盘和主板间的数据线，一端接硬盘的数据端口，数据线的接口如图 3-31 所示，连接完成后的结果如图 3-32 所示。

图3-31 连接硬盘上的数据端口

图3-32 硬盘端口连接完成

④ 将数据线的另一端连接到主板上，连接完成后的结果如图 3-33 所示。

图3-33 将硬盘数据线连接到主板上

3.2.6 安装光驱

【例3-6】 安装光驱。

操作步骤

(1) 准备配件及材料：机箱、光驱、数据线。

(2) 安装光驱。

① 拆除机箱正面的光驱外置挡板，如图 3-34 所示。

图3-34 拆除外置挡板

② 将光驱安装到机箱内，如图 3-35 所示。

图3-35 将光驱安装到机箱内

③ 固定光驱，注意操作时前后的塑料扣具都要扣稳，如图 3-36 所示。

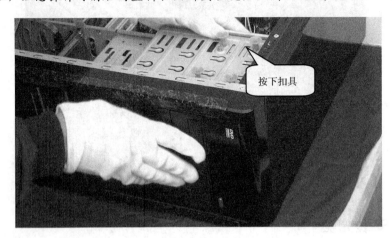

按下扣具

图3-36 固定光驱位置

④ 连接光驱和主板间的数据线，一端接光驱的数据端口，连接光驱的数据线端口如图 3-37 所示，连接完成后的结果如图 3-38 所示。

图3-37 连接光驱的数据线端口

图3-38 连接光驱完成

⑤ 将数据线的另一端连接到主板上，连接到主板的数据线接口如图 3-39 所示，连接完成后的结果如图 3-40 所示。

图3-39 连接到主板上的光驱数据线端口

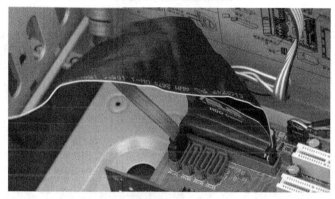

图3-40 连接主板完成

3.2.7 安装显卡

【例3-7】 安装显卡。

操作步骤

(1) 准备配件及材料：机箱、显卡以及螺钉。

(2) 安装显卡。

① 将显卡安装到显卡插槽中，并将其接口与机箱后置挡板上的接口位对齐，如图 3-41 所示。

图3-41 对齐显卡接口

② 稍稍用力将显卡插入插槽中，如图 3-42 所示。

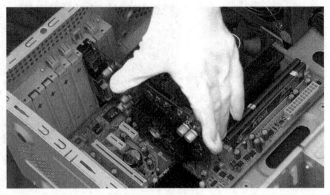

图3-42 插入显卡

③ 扳动塑料扣具，将显卡进行初步固定，如图 3-43 所示。

扳动塑料扣具

图3-43 初步固定显卡

④ 最后用螺钉对显卡进行固定，结果如图 3-44 所示。

用螺钉固定显卡

图3-44 用螺钉固定显卡

3.2.8 安插连接线

【例3-8】 安插连接线。

 操作步骤

(1) 理顺各连接线。

(2) 安插连接线。

① 安装前置面板线。依次将硬盘灯（H.D.D LED）、电源灯（POWER LED）、复位开关（RESET SW）、电源开关（POWER SW）以及蜂鸣器（SPEAKER）前置面板连线插到主板相应接口中，如图 3-45 和图 3-46 所示。

图3-45 前置面板线

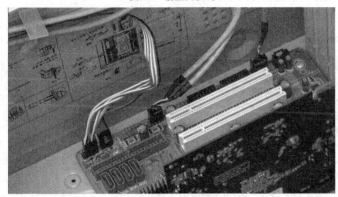

图3-46 连接前置面板线

 要点提示

在连接前置面板线时，用户应对照主板说明书进行连线安插，以免出错。

② 主板电源线如图 3-47 所示，其安插完成后的结果如图 3-48 所示。

主板电源线

图3-47 主板电源线

图3-48　主板电源线安插完成

③ 安插 CPU 电源线，如图 3-49 所示。

CPU 电源线

图3-49　安装 CPU 电源线

④ 硬盘电源线的接口如图 3-50 所示。硬盘电源线安插完成后的结果如图 3-51 所示。

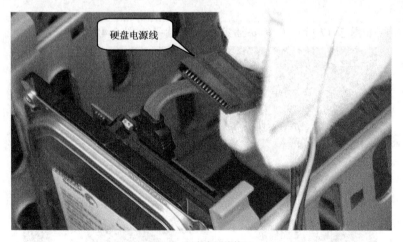

硬盘电源线

图3-50　硬盘电源线接口

图3-51 硬盘电源线安插完成

⑤ 光驱电源线的接口如图 3-52 所示。光驱电源线安插完成后的结果如图 3-53 所示。

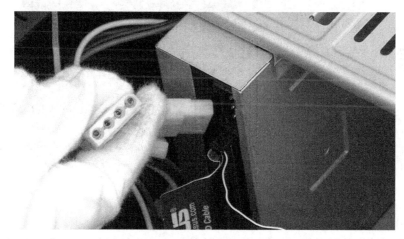

图3-52 光驱电源线接口

图3-53 光驱电源线安插完成

3.2.9 连接外围设备

【例3-9】 连接外围设备。

 操作步骤

(1) 准备好需要连接的外围设备：一个 PS/2 接口的键盘、一个 USB 接口的鼠标和一台液晶显示器，如图 3-54 所示。

图3-54 需要连接的外设

(2) 连接外围设备。

① 插接显示器与主机的数据线，插好之后拧紧插头两旁的螺栓，如图 3-55 所示。

图3-55 连接显示器与主机的数据线

② 插接键盘的 PS/2 接口到主机后置面板上的紫色 PS/2 接口上，如图 3-56 所示。

图3-56 插接键盘的 PS/2 接口

③ 插接鼠标的 USB 接口到主机后置面板上的 USB 接口上，如图 3-57 所示。

图3-57 插接鼠标的 USB 接口

要点提示

目前的鼠标和键盘基本都是 USB 接口，只需将它们插入机箱后面的 USB 接口即可使用。如果是 PS/2 接口，则键盘对应的接口颜色是紫色，而鼠标对应的接口颜色是绿色。

3.2.10 装机后的检查与调试

当计算机组装完成后，首先要针对如下几个方面认真检查一遍。

- 检查 CPU 风扇、电源是否安装好。
- 检查在安装的过程中，是否有螺钉或者其他金属杂物遗落在主板上。这一点一定要仔细检查，否则很容易因为马虎大意而导致主板被烧毁。
- 检查内存条的安装是否到位。
- 检查所有的电源线、数据线和信号线是否已连接好。

只有确认上述几点均没有问题后，才可以接通电源，启动计算机。观察电源灯是否正常点亮，如果能点亮，并听到"嘟"的一声，且屏幕上显示自检信息，这表示计算机的硬件工作正常；如果不能点亮，就要根据报警的声音检查内存、显卡或其他设备的安装是否正确；如果完全没有反应，则需检查电源线是否接好，前置面板线是否插接正确，或重新进行组装。

如果测试均没有问题，则说明计算机的硬件安装完成。但要使计算机最终运行起来，还需要安装操作系统和驱动程序，这些内容将在后面的章节做详细介绍。

3.3 实训 动手组装家用计算机

(1) 试拆卸一台计算机，然后按照前面介绍的步骤将其重新组装。

(2) 如有条件，试选配一套完整的计算机部件，然后动手完成计算机组装。

(3) 试为你的计算机更换一个新的光驱或大容量硬盘。

 习题

1. 组装计算机前应该进行哪些准备工作？

2. 简述计算机组装的流程。

3. 安装 CPU 时应该注意哪些问题？

4. 计算机组装完成后主要检查哪些方面？

5. 将一台计算机的各个配件全部拆开，然后重新组装复原。

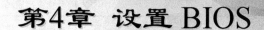

第4章 设置 BIOS

用户在使用计算机的过程中，都会接触到 BIOS（Basic Input Output System，基本输入输出系统），它是被固化到计算机主板上的 ROM 芯片中的一组程序，掉电后不会丢失数据。掌握 BIOS 的基本设置，有助于用户更好地维护系统的稳定性并提升系统性能。

学习目标

- 了解 BIOS 的基础知识。
- 掌握 BIOS 的常用设置方法。
- 掌握 BIOS 的高级设置方法。

4.1 BIOS 的基础知识

BIOS 存储在一片不需要电源（掉电后不丢失数据）的存储体中，为计算机提供最底层的、最直接的硬件设置和控制，在计算机系统中起着非常重要的作用。

4.1.1 BIOS 的主要功能

若计算机系统没有 BIOS，那么所有的硬件设备都不能正常运行，BIOS 的管理功能在很大程度上决定了主板性能的优越性。BIOS 的管理功能主要包括以下 4 个方面。

1. BIOS 系统设置程序

BIOS ROM 芯片中装有系统设置程序，用于设置 CMOS RAM 中的各项参数，并保存 CPU 和硬盘驱动器等部件的基本信息，可在开机时按键盘上的某个键进入其设置状态。

2. BIOS 中断服务程序

BIOS 中断服务程序实质上是计算机系统中软件与硬件之间的一个可编程接口，主要用于程序软件功能与计算机硬件之间的连接。

3. POST 上电自检

计算机接通电源后，系统首先由 POST 程序对计算机内部的各个设备进行检查，通常完整的 POST 自检将对 CPU、基本内存、扩展内存、主板、ROM BIOS、CMOS 存储器、并口、串口、显卡、软盘和硬盘子系统及键盘等进行测试。

 要点提示　POST 上电自检还会通过报警声指示检测到的状态。不同类型的 BIOS，其自检响铃次数所定义的自检错误是不一致的，因此一定要分清。要听见报警铃声，必须确保机箱上的 PC 喇叭与主板上的 PC Speaker 跳线正确连接。

下面以 Award BIOS 和 AMI BIOS 为例介绍。Award BIOS 的自检响铃及其含义如表 4-1 所示，AMI BIOS 的自检响铃及其含义如表 4-2 所示。

表 4-1 　　　　　　　　　　　　　　Award BIOS 的自检响铃及其含义

自检响铃	含义
1 短	系统正常启动，每次开机时出现，表明机器没有任何问题
2 短	常规错误，进入 CMOS Setup，重新设置不正确的选项
1 长 1 短	RAM 或主板出错，换一条内存试试，如果问题依旧，可更换主板
1 长 2 短	显示器或显卡错误
1 长 3 短	键盘控制器错误，须检查主板
1 长 9 短	RAM 或 EPROM 错误，BIOS 损坏，可尝试更换 Flash RAM
不停的响（长声）	内存未插紧或损坏，须重插内存，如果问题依旧，可更换内存
不停的响	电源、显示器未和显卡连接好，检查相关插头
重复短响	电源问题
无声音无显示	电源问题

表 4-2 　　　　　　　　　　　　　　AMI BIOS 的自检响铃及其含义

自检响铃	含义
1 短	内存刷新失败，须更换内存
2 短	内存 ECC 校验错误，在 CMOS Setup 中将有关内存 ECC 校验的选项设为 "Disabled" 即可，不过最根本的解决办法还是更换内存条
3 短	系统基本内存检查失败，需更换内存
4 短	系统时钟出错
5 短	中央处理器（CPU）错误
6 短	键盘控制器错误
7 短	系统实模式错误，不能切换到保护模式
8 短	显示内存错误，可尝试更换显卡
9 短	BIOS 检验和错误
1 长 3 短	内存错误，内存损坏，更换即可
1 长 8 短	显示测试错误，显示器数据线未插好或显卡未插牢

4. BIOS 系统自启程序

系统完成 POST 自检后，ROM BIOS 将首先按照系统 CMOS 设置中保存的启动顺序有效地启动设备，读入操作系统引导记录，并由引导记录来完成系统的启动。

4.1.2 BIOS 的分类

目前市场上 BIOS 种类比较多，其中主流 BIOS 类型主要有两种，即 Phoenix-Award BIOS 和 AMI BIOS。

1. Phoenix-Award BIOS

早期的 Phoenix 和 Award 是两家生产 BIOS 的企业。Phoenix BIOS 多用于高档的原装品牌机和笔记本电脑上，其画面简洁，便于操作；Award BIOS 是台式机主板中使用最为广泛的 BIOS 之一，对各种软、硬件的适应性好，能保证系统性能的稳定。现在 Phoenix 已和 Award 公司合并，共同推出具备两者标示的 BIOS 产品。

2. AMI BIOS

AMI BIOS 是由 AMI 公司出品的 BIOS 产品，在计算机的早期占有相当的比重，后来由于绿色节能计算机的普及，而 AMI 公司错过了这一机会，迟迟没能推出新的 BIOS 程序，使其市场占有率逐渐变少，不过现在仍有部分计算机采用该 BIOS 进行设置。

4.1.3 BIOS 与 CMOS 的关系

互补金属氧化物半导体（CMOS）是指主板上一块可读写的 RAM 芯片，用来保存当前系统的硬件配置和用户对某些参数的设定。系统加电引导时，要读取 CMOS 信息，用来初始化机器各个部件的状态，它靠系统电源或后备电池来供电，关闭电源信息不会丢失。

CMOS RAM 是系统参数存放的地方，而 BIOS 中系统设置程序是完成参数设置的手段。因此，准确的说法应该是通过 BIOS 设置程序对 CMOS 参数进行设置，而平常所说的 CMOS 设置和 BIOS 设置是其简化说法。本章中所讲的 BIOS 设置，都是指通过 BIOS 设置程序对 CMOS 参数进行设置。

4.1.4 BIOS 参数设置中英文对照表

在设置 BIOS 之前，要了解 BIOS 中各参数的意义，常见参数如表 4-3 所示。

表 4-3　　　　　　　　　　　BIOS 参数设置中英文对照表

BIOS 参数	意义
Time/System Time	时间/系统时间
Date/System Date	日期/系统日期
Level 2 Cache	二级缓存
System Memory	系统内存
Primary Hard Drive	主硬盘
BIOS Version	BIOS 版本
Boot Order/Boot Sequence	启动顺序（系统搜索操作系统文件的顺序）
Diskette Drive	软盘驱动器
Internal HDD	内置硬盘驱动器
Floppy Device	软驱设备
Hard-Disk Drive	硬盘驱动器
USB Storage Device	USB 存储设备

BIOS 参数	意义
CD/DVD/CD-RW Drive	光驱
CD-ROM Device	光驱
Cardbus NIC	Cardbus 总线网卡
Onboard NIC	板载网卡
Boot POST	进行开机自检时（POST）硬件检查的水平：设置为"Minimal"（默认设置），则开机自检仅在 BIOS 升级、内存模块更改或前一次开机自检未完成的情况下才进行检查。设置为"Thorough"，则开机自检时执行全套硬件检查
Config Warnings	警告设置：该选项用来设置在系统使用较低电压的电源适配器或其他不支持的配置时是否报警，设置为"Disabled"，则禁用报警；设置为"Enabled"，则启用报警
Serial Port	串口：该选项可以通过重新分配端口地址或禁用端口来避免设备资源冲突
Infrared Data Port	红外数据端口：使用该设置可以通过重新分配端口地址或禁用端口来避免设备资源冲突
Num Lock	数码锁定：设置在系统启动时数码灯（NumLock LED）是否点亮。设为"Disable"，则数码灯保持灭；设为"Enable"，则在系统启动时点亮数码灯。Keyboard NumLock 键盘数码锁：该选项用来设置在系统启动时是否提示键盘相关的错误信息
Enable Keypad	启用小键盘：当其值设置为"By NunLock"时，在 NumLock 灯亮时数字小键盘为启用状态；当其值设置为"Only By Key"时，数字小键盘为禁用状态
Primary Password	主密码
Admin Password	管理密码
Hard-disk Drive Password(s)	硬盘驱动器密码
Password Status	密码状态：该选项用来在 Setup 密码启用时锁定系统密码。将该选项设置为"Locked"并启用 Setup 密码以防止系统密码被更改。该选项还可以用来防止在系统启动时密码被用户禁用
System Password	系统密码
Setup Password	Setup 密码
Drive Configuration	驱动器设置
Diskette Drive A	磁盘驱动器 A：如果系统中装有软驱，使用该选项可启用或禁用软盘驱动器
Primary Master Drive	第一主驱动器
Primary Slave Drive	第一从驱动器
Secondary Master Drive	第二主驱动器
Secondary Slave Drive	第二从驱动器
Hard-Disk Drive Sequence	硬盘驱动器顺序
System BIOS Boot Devices	系统 BIOS 启动顺序
USB Device	USB 设备
Memory Information	内存信息

BIOS 参数	意义
Installed System Memory	系统内存：显示系统中所装内存的大小及型号
System Memory Speed	内存速率：显示所装内存的速率
CPU Information	CPU 信息
CPU Speed	CPU 速率：显示启动后中央处理器的运行速率
Bus Speed	总线速率：显示处理器总线速率
Processor 0 ID	处理器 ID：显示处理器所属种类及模型号
Cache Size	缓存值：显示处理器的二级缓存值
Integrated Devices (LegacySelect Options)	集成设备
USB Controller	USB 控制器：使用该选项可启用或禁用板载 USB 控制器
Serial Port 1	串口 1：使用该选项可控制内置串口的操作。设置为"AUTO"时，如果通过串口扩展卡在同一个端口地址上使用了两个设备，内置串口自动重新分配可用端口地址。串口先使用 COM1，再使用 COM2，如果两个地址都已经分配给某个端口，该端口将被禁用
Parallel Port	并口：该域中可配置内置并口

（1）BIOS 的主要功能是什么？
（2）BIOS 可以分为哪几类？

4.1.5 进入 BIOS 设置的方法

BIOS 设置程序是储存在 BIOS 芯片中的，只有在开机时才可以进行设置。

【例4-1】 进入 BIOS 设置。

操作步骤

（1）打开显示器电源开关。

（2）打开主机电源开关，启动计算机。

（3）BIOS 开始进行 POST 自检，出现如图 4-1 所示的画面。从中可以看出 BIOS（Phoenix-Award）、CPU（AMD Athlon64 X2）、IDE 接口、SATA 接口等信息。

图4-1 启动自检

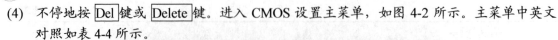

(4) 不停地按 $\boxed{\text{Del}}$ 键或 $\boxed{\text{Delete}}$ 键。进入 CMOS 设置主菜单，如图 4-2 所示。主菜单中英文对照如表 4-4 所示。

```
          Phoenix - Award WorkstationBIOS CMOS Setup Utility

   ▶ Standard CMOS Features        ▶ Frequency/Voltage Control

   ▶ Advanced BIOS Features           Load Fail-Safe Defaults

   ▶ Advanced Chipset Features        Load Optimized Defaults

   ▶ Integrated Peripherals           Set Supervisor Password

   ▶ Power Management Setup            Set User Password

   ▶ PnP/PCI Configurations           Save & Exit Setup

   ▶ PC Health Status                 Exit Without Saving


   Esc : Quit                     ↑↓→←    : Select Item
   F10 : Save & Exit Setup


                 Time, Date, Hard Disk Type...
```

图4-2 CMOS 设置主菜单

表 4-4 　　　　　　　　　　Phoenix-Award CMOS 设置主菜单中英文对照表

CMOS 设置菜单	意义	CMOS 设置菜单	意义
Standard CMOS Features	标准 CMOS 设置	Frequency/Voltage Control	外频/电压控制
Advanced BIOS Features	高级 BIOS 设置	Load Fail-Safe Defaults	加载默认设置
Advanced Chipset Features	高级芯片组设置	Load Optimized Defaults	加载最优默认设置
Integrated Peripherals	集成功能项	Set Supervisor Password	设置超级用户密码
Power Management Setup	电源管理设置	Set User Password	设置普通用户密码
PnP/PCI Configurations	PnP/PCI 配置	Save & Exit Setup	保存并退出
PC Health Status	计算机健康状况	Exit Without Saving	退出不保存

根据 BIOS 的不同，其进入的方法有所不同。一些常见品牌的 BIOS 进入方法如表 4-5 所示。

表 4-5 　　　　　　　　　　常见品牌的 BIOS 进入方法

品牌	进入方法	品牌	进入方法
Phoenix-Award BIOS	按 $\boxed{\text{Del}}$ 键	Dell BIOS	按 $\boxed{\text{Ctrl}}$+$\boxed{\text{Alt}}$+$\boxed{\text{Enter}}$ 组合键
AMI BIOS	按 $\boxed{\text{Del}}$ 键	Phoenix BIOS	按 $\boxed{\text{F2}}$ 键
MR BIOS	按 $\boxed{\text{Esc}}$ 键	IBM 品牌机	按 $\boxed{\text{F1}}$ 键
Compaq BIOS	按 $\boxed{\text{F10}}$ 键	——	

4.2 BIOS 的常用设置方法

计算机用户平时常用到的设置主要是禁止软驱显示设置、系统启动顺序设置、CPU 保护温度设置、BIOS 超级用户密码设置和恢复默认设置，下面将介绍具体的设置方法。

4.2.1 设置禁止软驱显示

现在的计算机都不再使用软驱，但在【我的电脑】窗口中仍然会显示软盘图标，如图4-3 所示。如果用户在打开盘符时不小心点到软盘图标，计算机会等待较长时间才能弹出没有安装软驱的提示，而期间计算机接近死机状态，为了不给用户带来不必要的麻烦，可以通过 BIOS 设置来禁止软驱的显示。

图4-3 软盘图标

【例4-2】 设置禁止软驱显示。

 操作步骤

(1) 重启计算机，按 Del 键进入 CMOS 设置主菜单，用方向键移动光标到【Standard CMOS Features】选项，如图 4-4 所示。

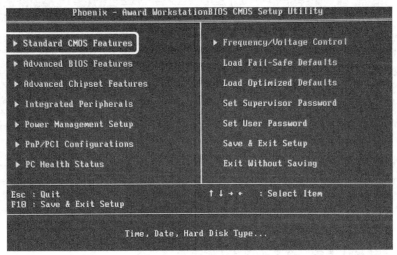

图4-4 CMOS 设置主菜单

(2) 按 Enter 键，进入标准 CMOS 设置界面，用方向键移动光标到【Drive A】选项，如图4-5 所示。

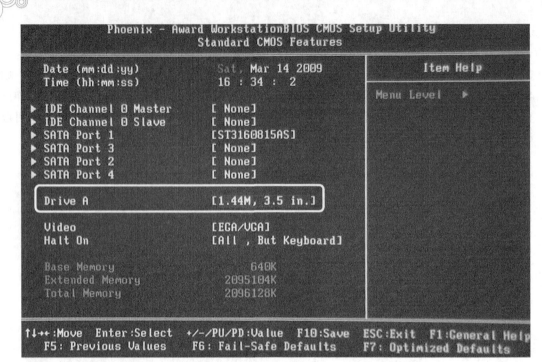

图4-5　选择【Drive A】选项

(3) 按 Enter 键，弹出【Drive A】对话框，用方向键选择【None】选项，如图 4-6 所示。

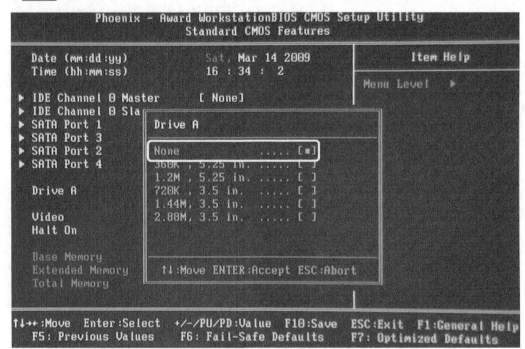

图4-6　选择【None】选项

(4) 按 Enter 键确认选择，效果如图 4-7 所示。

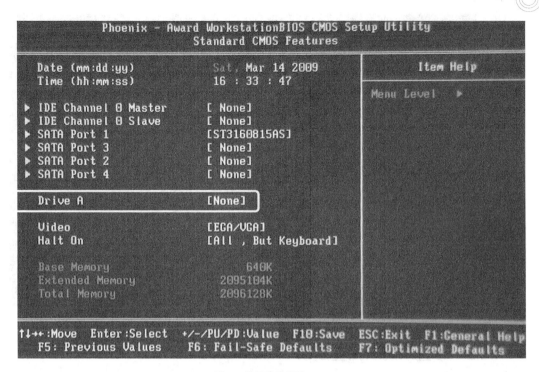

图4-7 设置后的效果

(5) 按 Esc 键，回到 CMOS 设置主菜单，用方向键移动光标到【Save & Exit Setup】选项，
如图 4-8 所示。

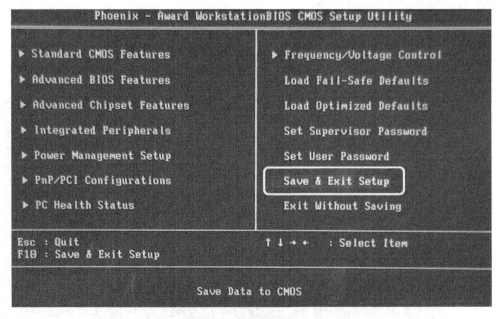

图4-8 选择【Save & Exit Setup】选项

(6) 按 Enter 键，弹出如图 4-9 所示的提示框，输入 "Y"，按 Enter 键确认，从而保存设置
并退出 BIOS 设置，再打开【我的电脑】窗口就看不见软盘图标了。

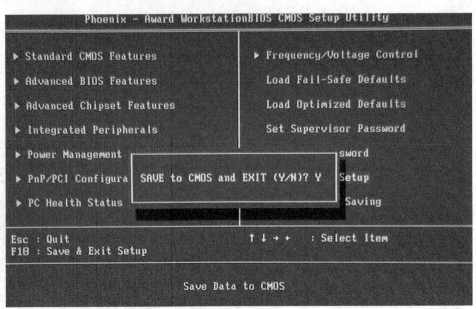

图4-9 保存设置

4.2.2 设置系统从光盘启动

在计算机启动的时候，需要为计算机指定从哪个设备启动。常见的启动方式有从硬盘启动和光盘启动两种，在需要安装操作系统的时候，就要指定为从光盘启动。

【例4-3】 设置系统从光盘启动。

 操作步骤

(1) 进入 CMOS 设置主菜单，用方向键移动光标到【Advanced BIOS Features】选项，如图4-10 所示。

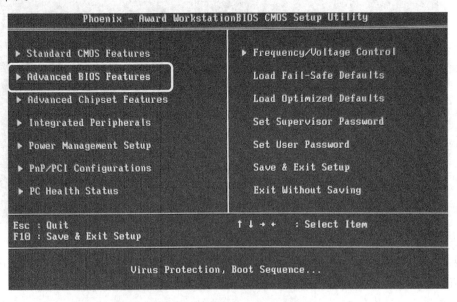

图4-10 选择【Advanced BIOS Features】选项

(2) 按 Enter 键，进入高级 BIOS 特性设置界面，如图 4-11 所示。

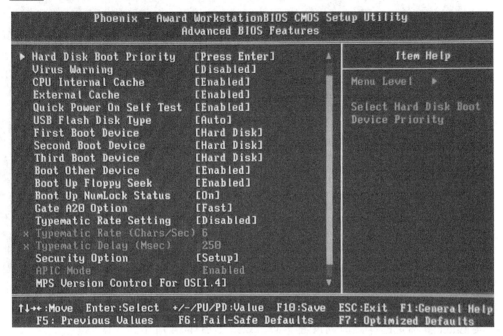

图4-11 高级 BIOS 特性设置界面

(3) 用方向键移动光标到【First Boot Device】（首选启动设备）选项，如图 4-12 所示。

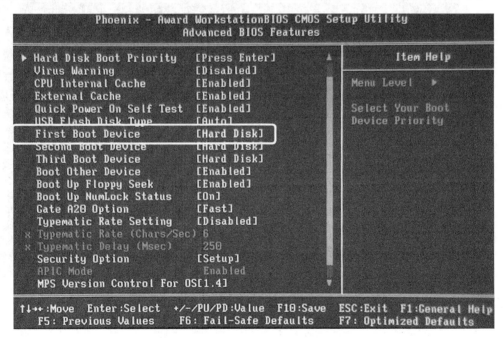

图4-12 选择【First Boot Device】选项

(4) 按 Enter 键，弹出【First Boot Device】对话框，用方向键选择【CDROM】选项，如图 4-13 所示。

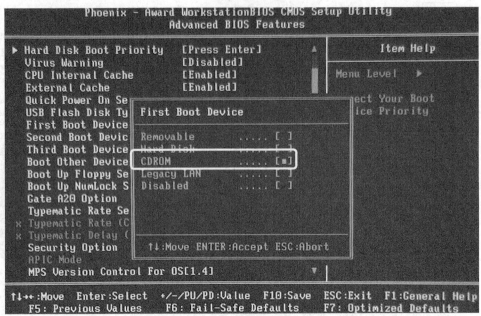

图4-13 选择【CDROM】选项

(5) 按 Enter 键确定选择，回到设置界面，效果如图 4-14 所示。

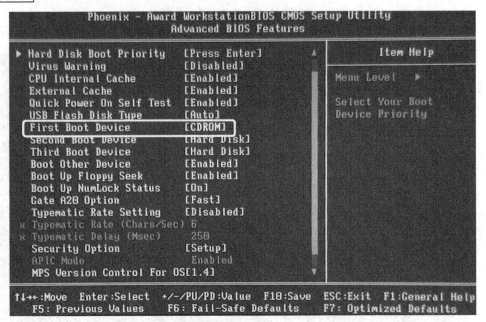

图4-14 设置为光驱启动

(6) 按 F10 键保存设置并退出。

4.2.3 设置 CPU 保护温度

CPU 在运行过程中会产生热量，从而使 CPU 的温度升高，而温度过高会影响 CPU 的正常运作，甚至烧坏 CPU。为了防止 CPU 温度过高，可以通过 BIOS 设置一个 CPU 保护温度，当 CPU 达到或超过这个温度时，计算机就会自动关闭，从而保护 CPU 不至于被烧坏。

【例4-4】 设置 CPU 保护温度。

 操作步骤

(1) 进入 CMOS 设置主菜单，用方向键移动光标到【PC Health Status】选项，如图 4-15 所示。

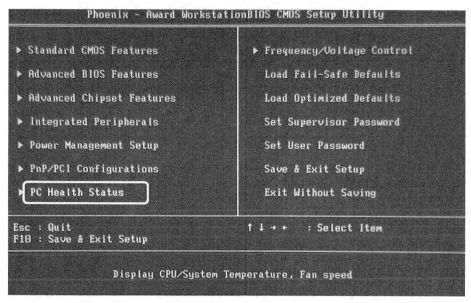

图4-15 选择【PC Health Status】选项

(2) 按 Enter 键，进入如图 4-16 所示的系统健康状态设置界面，在该界面中可以查看到系统温度和 CPU 温度。

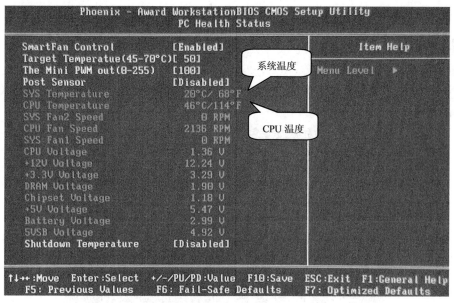

图4-16 系统健康状态设置界面

(3) 用方向键移动光标到【Shutdown Temperature】选项，然后按 Enter 键，弹出【Shutdown Temperature】对话框，如图 4-17 所示。

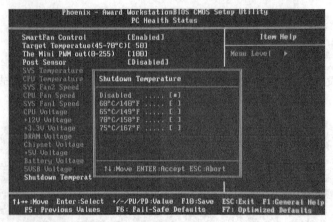

图4-17 温度选择

(4) 选择【75℃/167℉】选项，然后按 Enter 键确定。当 CPU 温度达到或超过 75℃时，计算机就会自动关闭。

(5) 按 F10 键保存设置并退出。

4.2.4 设置 BIOS 密码

适当设置 BIOS 密码可以为计算机带来一定程度的保护。设置密码的目的，一是防止别人擅自更改 BIOS 设置；二是防止别人进入自己的计算机。针对这两种情况，可以分别设置进入 BIOS 密码和开机密码。

BIOS 中有两种密码设置，它们的功能和区别如下。

- 普通用户密码。输入用户密码后能进入系统并查看BIOS，但不能修改 BIOS 设置。
- 超级用户密码。输入超级用户密码后能进入系统，还能修改 BIOS 设置。

【例4-5】 设置 BIOS 密码。

 操作步骤

(1) 设置超级用户密码。

① 进入 CMOS 设置主菜单，使用方向键移动光标到【Set Supervisor Password】选项，如图 4-18 所示。

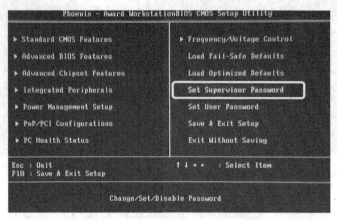

图4-18 选择【Set Supervisor Password】选项

② 按 Enter 键，在弹出的对话框中输入密码，如图 4-19 所示。输入的密码可以使用除空格键以外的任意 ASCII 字符，密码最长为 8 个字符，并且要区分大小写。

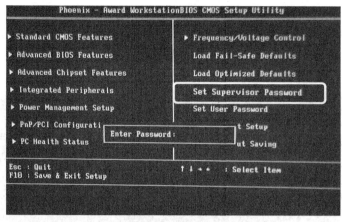

图4-19 设置超级用户密码

③ 按 Enter 键，弹出确认密码对话框，再次输入密码，如图 4-20 所示。

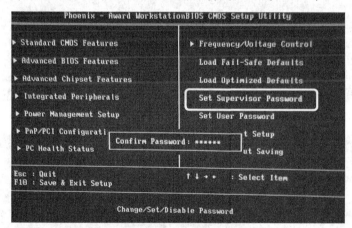

图4-20 确认密码

④ 按 Enter 键确认，然后按 F10 键保存退出。这样，在进入 BIOS 过程中就会提示用户输入密码，如图 4-21 所示。

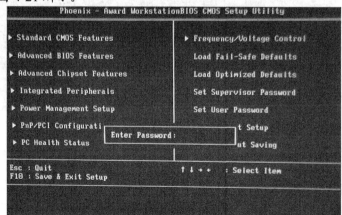

图4-21 进入 BIOS 要输入密码

(2) 设置开机密码。

① 进入 CMOS 设置主菜单，按方向键移动光标到【Advanced BIOS Features】选项，然后按 Enter 键，进入高级 BIOS 特性设置界面。

② 用方向键移动光标到【Security Option】选项，然后设置该项的值为"System"，如图 4-22 所示。这样，在开机的过程中就会提示用户输入开机密码，即上面步骤设置的密码，如图 4-23 所示。

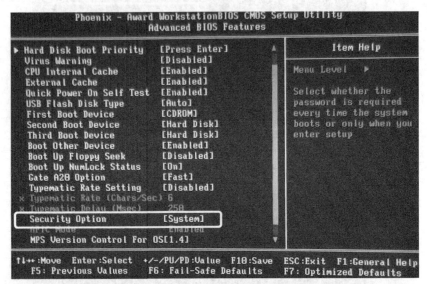

图4-22 设置【Security Option】项的值

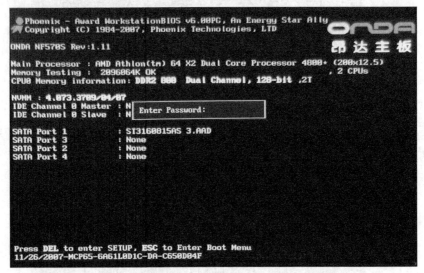

图4-23 开机输入密码

③ 按 F10 键保存设置并退出。

输入密码进入 BIOS 后，选择【Set Supervisor Password】选项后按 Enter 键，弹出【Enter Password】对话框，如果需要修改密码，就输入新的密码，然后按 Enter 键，会弹出【Confirm Password】对话框，要求再输入一次新密码。如果想要取消密码，就直接按 Enter 键，系统会显示【Invalid Password Press Any Key to Continue】提示框。

4.2.5 恢复最优默认设置

当对 BIOS 的设置不正确，而使计算机无法正常工作时，需要将 BIOS 恢复到默认设置，BIOS 恢复默认设置分为恢复最原始的默认设置和恢复最优化的默认设置。

【例4-6】 恢复最优默认设置。

 操作步骤

(1) 进入 CMOS 设置主菜单，用方向键移动光标到【Load Optimized Defaults】选项，如图 4-24 所示。

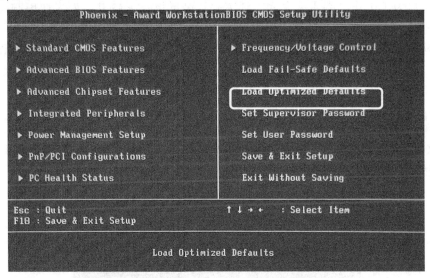

图4-24 选择【Load Optimized Defaults】选项

(2) 按 Enter 键，弹出如图 4-25 所示的提示框。

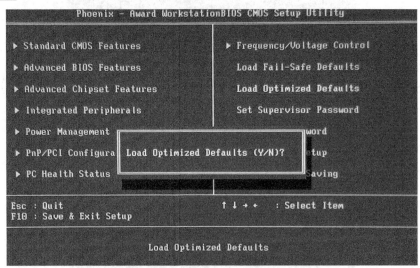

图4-25 恢复 BIOS 默认设置

(3) 在键盘上按 Y 键，然后按 Enter 键确定。

(4) 按 F10 键保存设置并退出。

4.3 掌握 BIOS 的高级设置方法

BIOS 为计算机提供最底层的、最直接的硬件设置和控制，通过 BIOS 设置还可以提高计算机相应硬件的性能，从而提高计算机的整体性能。下面将介绍常用的 BIOS 高级设置方法。

4.3.1 设置键盘灵敏度

部分用户为了工作、娱乐或个人习惯需要较高的键盘灵敏度，如果在控制面板将其中的 "重复延迟"（即按住一个键后，出现第 1 个字符与出现第 2 个字符间的时间）和 "重复率" 两项设置到最高还不能满足用户的要求，那么就需要通过 BIOS 设置进一步提高 "重复延迟"。

【例4-7】 设置键盘灵敏度。

 操作步骤

(1) 进入 CMOS 设置主菜单，用方向键移动光标到【Advanced BIOS Features】选项，如图 4-26 所示。

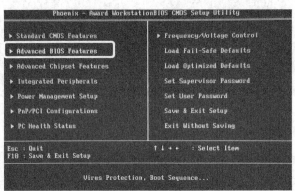

图4-26 选择【Advanced BIOS Features】选项

(2) 按 Enter 键，进入高级 BIOS 特性设置界面。按方向键，移动光标到【Typematic Rate Setting】（击键速率设置）选项，设置其值为 "Enabled"，如图 4-27 所示。

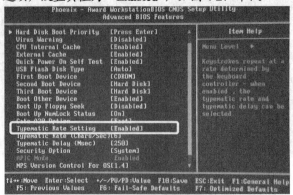

图4-27 设置值为 "Enabled"

(3) 用方向键移动光标到【Typematic Rate （Chars/Sec）】（击键率设置）选项，设置其值为
    "30"，如图 4-28 所示。

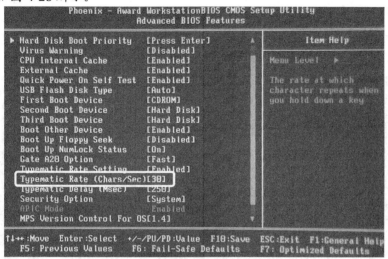

图4-28　设置值为"30"

(4) 用方向键移动光标到【Typematic Delay （Msec）】（击键延时设置）选项，设置其值为
    "250"，如图 4-29 所示。

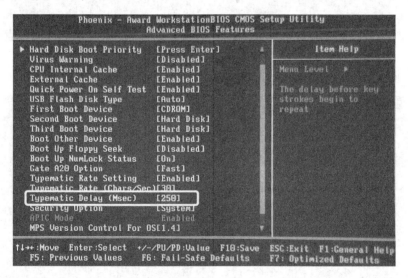

图4-29　设置值为"250"

(5) 按 F10 键保存设置并退出。

4.3.2　设置 CPU 超频

CPU 超频是指人为地将 CPU 的工作频率提高，即提高 CPU 的主频，使它在高于其额定频率状态下稳定工作。

通过前面的学习我们知道，CPU 的主频是外频和倍频的乘积，所以要提高 CPU 的主频可以通过改变 CPU 的倍频或者外频来实现。

【例4-8】 设置 CPU 超频。

 操作步骤

(1) 进入 CMOS 设置主菜单，用方向键移动光标到【Frequency/Voltage Control】选项，如图 4-30 所示。

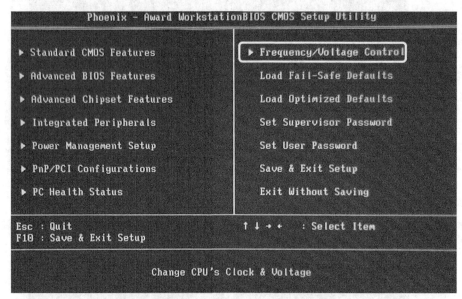

图4-30　选择【Frequency/Voltage Control】选项

(2) 按 Enter 键，进入系统频率和电压控制的设置界面，如图 4-31 所示。

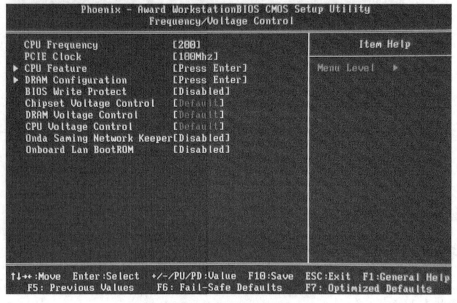

图4-31　系统频率和电压控制的设置界面

(3) 使用方向键移动光标到【CPU Frequency】选项，然后按 Enter 键，弹出外频设置对话框，如图 4-32 所示。从图中可知外频的最小值为 200MHz，最大值为 450MHz。

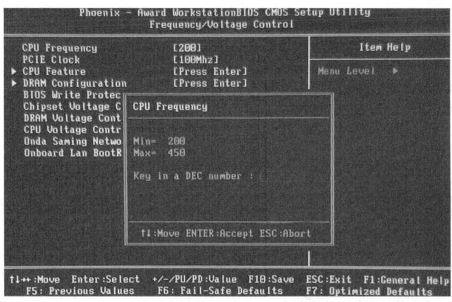

图4-32　外频设置对话框

(4)　在对话框中输入"220"，然后按 Enter 键确认。

(5)　按 F10 键保存设置并退出。

要点提示　外频不是越大越好，它与计算机其他硬件的承受力有关，要根据计算机的整体性能设置。设置完成后，重新启动计算机试运行，如计算机运行不稳定，则应恢复原来的外频。

4.4　实训

本实训用于检测读者对本章知识的掌握情况，也是读者自我检验的标准。

4.4.1　忘记 BIOS 密码应如何处理

忘记 BIOS 密码是经常会遇到的问题，特别是帮他人维护计算机或者是维护公司里的计算机时，往往会因为时间太久远而无法得知 BIOS 密码。

步骤提示

(1)　消除 BIOS 的密码，需给 CMOS 放电。

(2)　CMOS 放电后会使 BIOS 的设置复原，需要重新进行 BIOS 设置。

4.4.2　安装完操作系统以后，需要如何设置 BIOS

很多人觉得安装完操作系统后就万事大捷了，其实不然。安装完操作系统后修改一些必要的 BIOS 设置能优化系统的启动速度，增加系统的安全性。

 步骤提示

(1) 设置系统引导顺序为硬盘启动优先。

(2) 设置病毒警告为 Enable。

(3) 设置加电自检为快速启动。

(4) 设置数字键盘锁定为关闭。

 习题

1. 什么是 BIOS？什么是 CMOS？

2. 如何进入一台计算机的 BIOS 设置界面？

3. 通过【Standard CMOS Features】选项中的【Halt On】（中断）选项，设置系统自检暂停参数为"All，But Keyboard"。

4. 设置系统引导顺序为光盘启动。

5. 设置计算机的 CPU 保护温度。

6. 设置一个普通用户密码。

第5章 安装操作系统和驱动程序

在完成计算机的组装以后，各种配件已经成功地组成一个完整的体系了，但是这时的计算机是一台"裸机"，还不能正常工作，必须配置必要的软件环境。在计算机的所有软件中，操作系统是最重要也是最先需要安装的软件。

学习目标
- 掌握操作系统的安装方法。
- 掌握驱动程序的安装方法。
- 掌握常用软件的安装与卸载方法。

5.1 安装操作系统

操作系统是计算机的核心软件，是计算机能正常运行的基础。目前常用的主流操作系统是由美国 Microsoft 公司开发的 Windows XP 和 Windows 7。本章将介绍这两种操作系统的安装方法。

5.1.1 硬盘的分区与格式化

尚未使用过的一块新硬盘在使用之前必须要先进行分区，然后分别对各个分区进行格式化，经过分区和格式化的硬盘上才能存储数据和进行正常的数据读写操作。

1. 了解硬盘分区的基本知识

硬盘的分区主要有主分区和扩展分区两部分。要在硬盘上安装操作系统，则该硬盘必须有一个主分区，主分区中包含操作系统启动所必需的文件和数据；扩展分区是除主分区以外的分区，但它不能直接使用，必须再将它划分为若干个逻辑分区才能使用。逻辑分区也就是平常在操作系统中所看到的 D、E、F 等盘。这 3 种分区之间的关系示意如图 5-1 所示。

2. 了解分区格式的种类

分区格式是指文件命名、存储和组织的总体结构，通常又被叫做文件系统格式或磁盘格式。Windows 操作系统支持的分区格式主要有 FAT32 和 NTFS 两种。

(1) FAT32。

这是目前使用最为广泛的分区格式，它采用 32 位的文件分配表，这样就使得磁盘的空间管理能力大大增强，最大支持容量为 4GB 的文件。

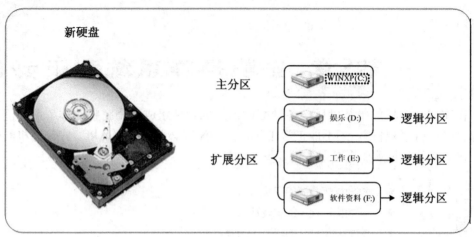

图5-1　3种分区之间的关系

(2)　NTFS。

这是 Microsoft 公司为 Windows NT 操作系统设计的一种全新的分区格式，它的优点是安全性和稳定性极其出色，在使用中不易产生文件碎片，并且 NTFS 格式对所支持文件的容量不限。因此，建议将系统分区设置为 NTFS 格式。

【例5-1】　硬盘的分区与格式化。

 操作步骤

(1)　启动计算机进入 BIOS，将第一启动引导方式设置为从光盘启动，如图 5-2 所示。

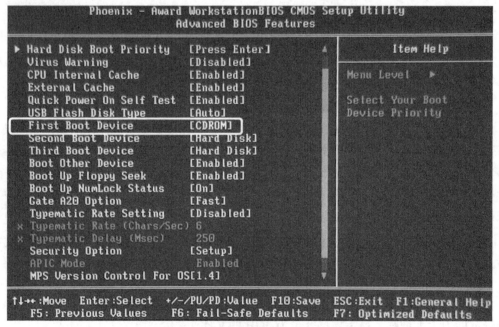

图5-2　设置为从光盘启动

(2)　将 Windows XP 操作系统安装光盘放入光驱，保存 BIOS 设置并重启计算机，计算机将自动从光盘启动，进入系统安装状态，如图 5-3 所示。

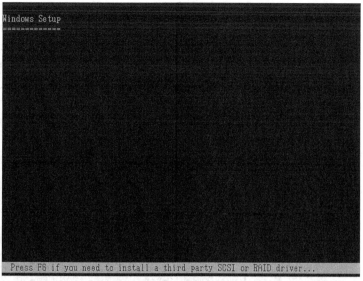

图5-3　光盘启动界面

(3) 启动完成后进入 Windows XP 操作安装程序选择界面，如图 5-4 所示。如果原来已经安装了一个操作系统，界面就会有"使用修复安装"还是"全新安装"的选择。现在是新安装系统前对硬盘进行分区和格式化的操作，所以这里按 $\boxed{\text{Enter}}$ 键。

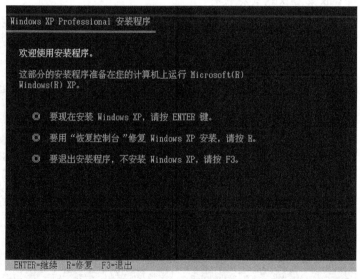

图5-4　安装程序选择界面

要点提示	当操作系统因为某种原因受到破坏（如缺失了系统文件）不能正常运行时，可以选择修复安装，修复安装可以保证当前系统的应用程序和系统盘中的用户文件不被破坏。当系统被破坏后，可以先尝试修复安装；如果修复安装不成功，就需要全新安装。全新安装因为需要格式化系统盘，所以系统盘（对大多数用户而言是 C 盘）上的内容会全部丢失（注意："桌面"和"我的文档"属于系统盘中的内容），在重装系统时要注意备份系统盘上有用的资料。

(4) 进入如图 5-5 所示的许可协议界面，按 $\boxed{\text{F8}}$ 键表示继续安装，按 $\boxed{\text{Esc}}$ 键表示退出安装程序。如果在安装之前要查看协议，按 $\boxed{\text{Page Down}}$ 键翻页。这里按 $\boxed{\text{F8}}$ 键表示同意许可协议，然后继续安装程序。

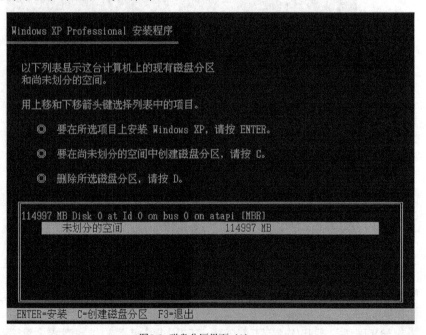

图5-5 Windows XP 操作系统安装程序许可协议界面

(5) 随即进入磁盘分区界面，如图 5-6 所示，由于是全新配置的计算机，所以这里按 C 键对硬盘进行分区和分区格式化操作。

图5-6 磁盘分区界面（1）

(6) 使用方向键移动光标到【未划分的空间】，按键盘上的 C 键后，进入如图 5-7 所示的创建分区界面。在【创建磁盘分区大小】文本框中输入所需的大小，如果不做修改，就是未划分空间的总大小。这里输入 "10 000"，然后按 Enter 键。

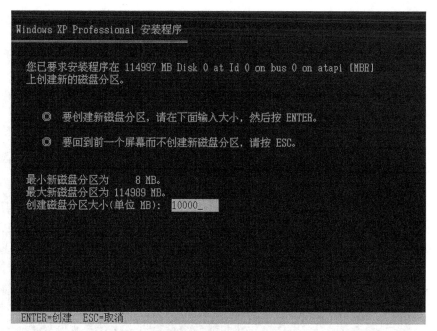

图5-7 创建分区界面

(7) 这时磁盘分区界面如图 5-8 所示，界面出现了刚刚划分出的 C 盘（分区 1）。

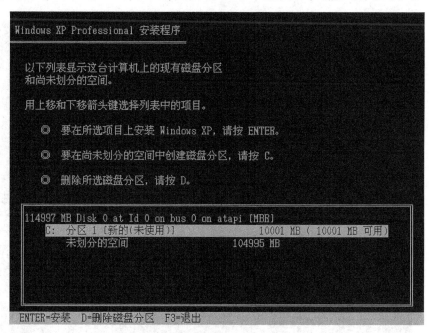

图5-8 磁盘分区界面（2）

(8) 使用同样方法创建 D 盘（30 004MB）、E 盘（30 004MB）、F 盘（44 979MB），最后得到如图 5-9 所示的界面。

(9) 至此，硬盘的分区已经完成，接下来是对分区进行格式化操作。使用键盘上的方向键将光标移动到 C 盘（分区 1）的位置，如图 5-9 所示；按 Enter 键，表示在 C 盘安装 Windows XP 操作系统，随后弹出安装程序的格式化界面，如图 5-10 所示。

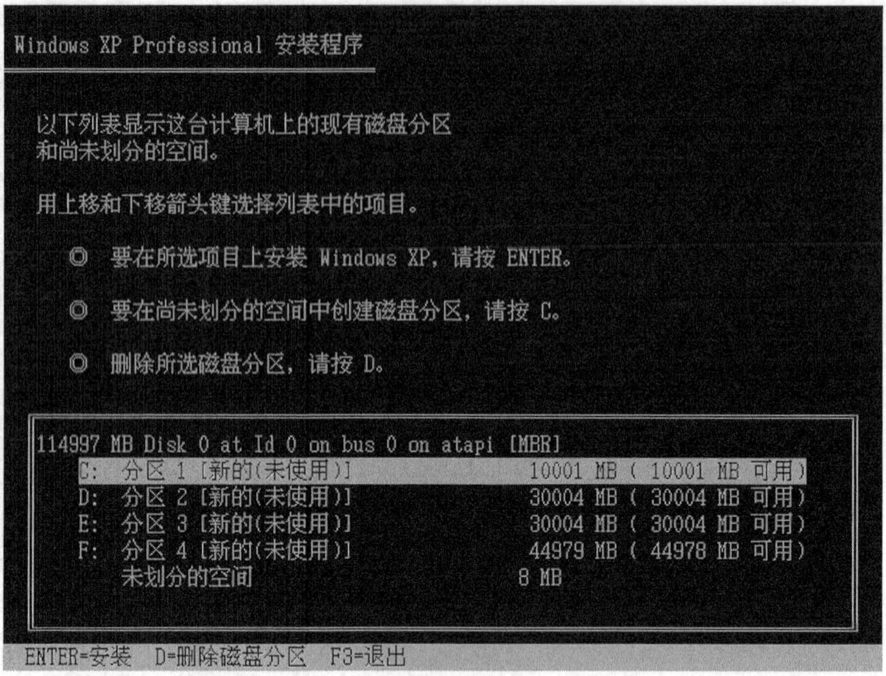

Windows XP Professional 安装程序

以下列表显示这台计算机上的现有磁盘分区
和尚未划分的空间。

用上移和下移箭头键选择列表中的项目。

◎ 要在所选项目上安装 Windows XP，请按 ENTER。

◎ 要在尚未划分的空间中创建磁盘分区，请按 C。

◎ 删除所选磁盘分区，请按 D。

```
114997 MB Disk 0 at Id 0 on bus 0 on atapi [MBR]
    C: 分区 1 [新的(未使用)]        10001 MB ( 10001 MB 可用)
    D: 分区 2 [新的(未使用)]        30004 MB ( 30004 MB 可用)
    E: 分区 3 [新的(未使用)]        30004 MB ( 30004 MB 可用)
    F: 分区 4 [新的(未使用)]        44979 MB ( 44978 MB 可用)
       未划分的空间                     8 MB
```

ENTER=安装   D=删除磁盘分区   F3=退出

图5-9 磁盘分区界面（3）

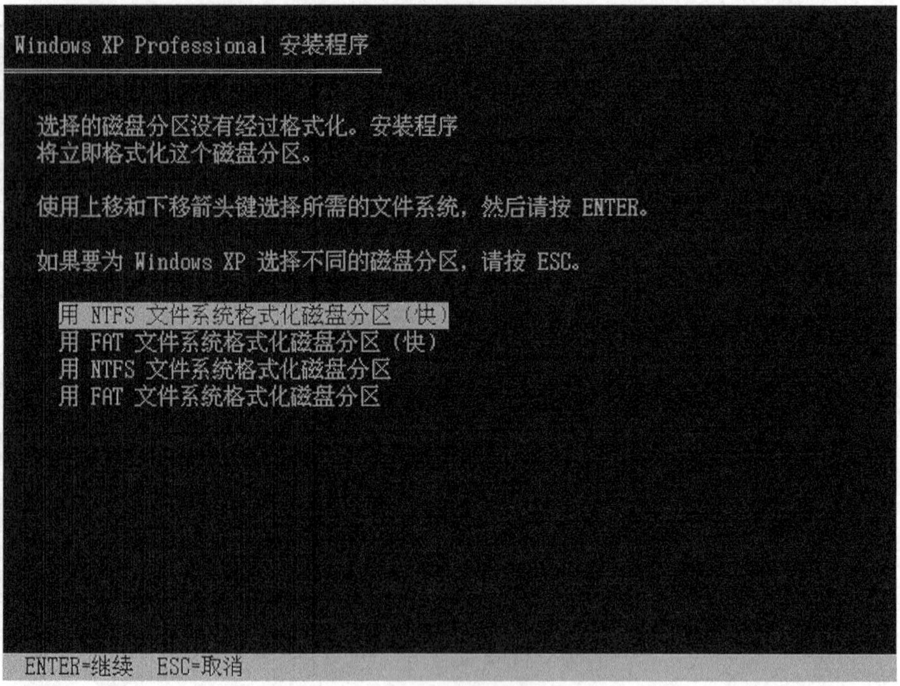

Windows XP Professional 安装程序

选择的磁盘分区没有经过格式化。安装程序
将立即格式化这个磁盘分区。

使用上移和下移箭头键选择所需的文件系统，然后请按 ENTER。

如果要为 Windows XP 选择不同的磁盘分区，请按 ESC。

用 NTFS 文件系统格式化磁盘分区（快）
用 FAT 文件系统格式化磁盘分区（快）
用 NTFS 文件系统格式化磁盘分区
用 FAT 文件系统格式化磁盘分区

ENTER=继续   ESC=取消

图5-10 选择分区格式化种类

(10) 根据个人需要选择格式化方式，这里选择“NTFS”分区方式，将光标移动到【用
NTFS 文件系统格式化磁盘分区（快）】选项，然后按 Enter 键。开始格式化分区，如
图 5-11 所示。

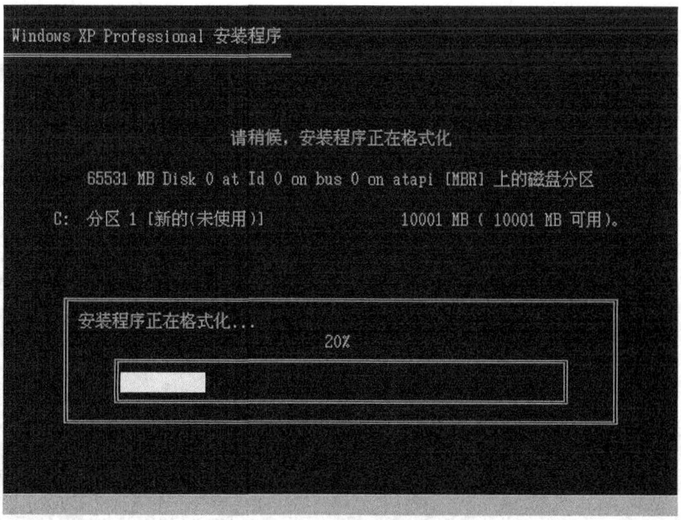

Windows XP Professional 安装程序

请稍候，安装程序正在格式化

65531 MB Disk 0 at Id 0 on bus 0 on atapi [MBR] 上的磁盘分区

C: 分区 1 [新的(未使用)]　　　　　　　　 10001 MB (10001 MB 可用)。

安装程序正在格式化...　　　　　　　　20%

图5-11　分区格式化过程

5.1.2　安装 Windows XP 操作系统

Windows XP 操作系统的安装是前一个步骤的延续，现在操作系统的安装都比较容易，只要将磁盘的区域划分和格式化完成以后，后面的操作就迎刃而解了。

 安装前要将网线拔掉，以免在系统安装刚完成时计算机中毒。安装时尽量准备多张系统光盘，因为在安装操作系统时，有可能因为光盘中的程序出错而无法继续安装。

【例5-2】　安装 Windows XP 操作系统。

 操作步骤

(1) 硬盘分区和格式化完成后，安装程序开始复制安装文件，如图 5-12 所示。

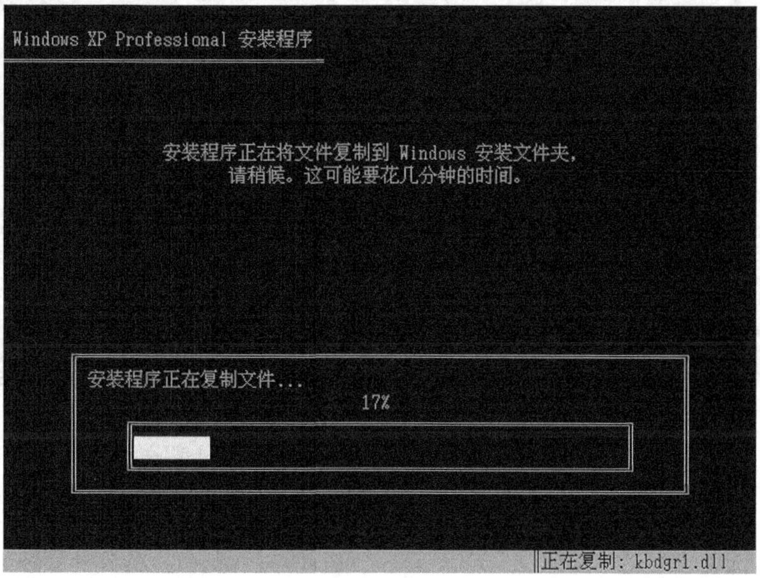

Windows XP Professional 安装程序

安装程序正在将文件复制到 Windows 安装文件夹，
请稍候。这可能要花几分钟的时间。

安装程序正在复制文件...　　　　　　　17%

正在复制: kbdgr1.dll

图5-12　开始复制文件

(2) 安装程序复制文件完成后，系统将重启计算机，如图 5-13 所示。

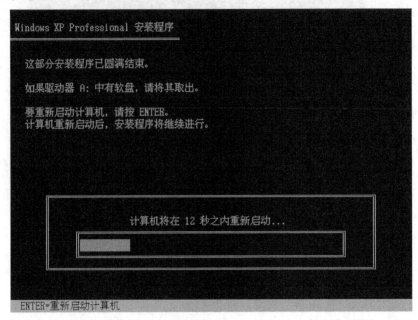

图5-13 重启计算机

(3) 重启计算机后，在开始界面上选择从硬盘启动计算机，然后进入系统安装界面，如图 5-14 所示。

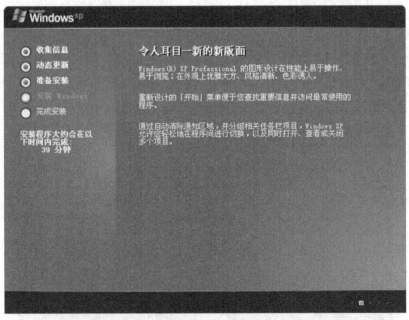

图5-14 安装 Windows XP 操作系统

(4) 安装过程中，安装程序将提示用户填写系统相关信息和用户相关信息等，如用户名、密码、时区及日期、网络连接情况等，如图 5-15 和图 5-16 所示。

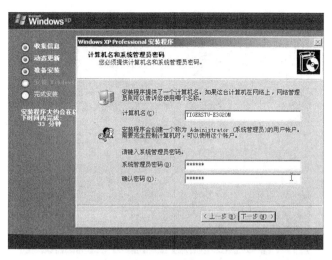

图5-15 设置计算机名和管理员密码

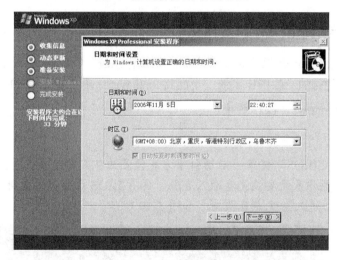

图5-16 设置日期/时间和时区

(5) 设置完成后，重启计算机，再次选择从光盘启动，随后将出现 Windows XP 操作系统的
登录界面，如图 5-17 所示。

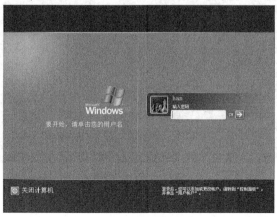

图5-17 Windows XP 操作系统登录界面

(6) 输入安装系统时设置的管理员密码登录系统，如图 5-18 所示。

图5-18 Windows XP 操作系统安装完成界面

5.1.3 安装 Windows 7 操作系统

Windows 7 是 Microsoft 公司最新发布的一款操作系统，它的操作界面更漂亮，运行速度更快，是目前相当优秀的一款操作系统。下面将介绍 Windows 7 操作系统的安装步骤。

【例5-3】 安装 Windows 7 操作系统。

 操作步骤

(1) 启动计算机进入 BIOS，将第一启动引导方式设置为从光盘启动。

(2) 将 Windows 7 操作系统安装光盘放入光驱，保存 BIOS 设置并重启计算机，计算机将自动从光盘启动，进入系统安装状态，如图 5-19 所示。

windows is loading files...

图5-19 光盘启动界面

(3) 启动完成后进入 Windows 7 操作系统安装界面，首先对语言、时间和输入方法等进行设置，如图 5-20 所示。

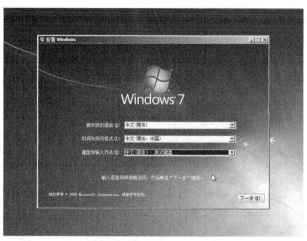

图5-20 设置语言、时间等

(4) 单击 下一步(N) 按钮，显示开始安装界面，如图 5-21 所示。

图5-21 开始安装界面

(5) 单击 现在安装(I) 按钮，启动安装程序，如图 5-22 所示。

图5-22 启动安装程序

(6) 启动完成后显示许可条款界面，如图 5-23 所示。

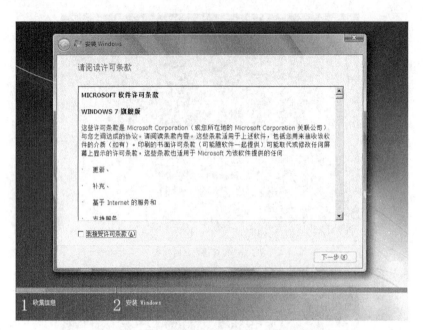

图5-23 许可条款界面

(7) 勾选【我接受许可条款】复选框，单击 下一步(N) 按钮，显示安装类型的选择界面，如图 5-24 所示。

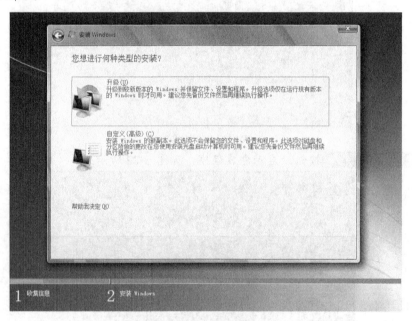

图5-24 安装类型选择界面

 要点提示　　Windows 7 的安装类型有升级安装和自定义安装，其中升级安装一般在计算机安装了 Windows Vista 或 Windows 7 早期版本的基础上，保留一些相关设置的安装，而自定义安装则是进行全新的安装。

(8) 选择"自定义"安装方式，显示磁盘分区界面，如图 5-25 所示。

图5-25 磁盘分区界面

要点提示

　　　若磁盘已有分区信息，则必须保证安装 Windows 7 的分区大小在 8GB 以上。另外，为了保证系统的正常运行，建议分区大小为 30GB 以上。

(9) 选择【驱动器选项（高级）】选项，进行磁盘分区操作。选择【新建】选项，在弹出的【大小】文本框中输入"30 000"，如图 5-26 所示。

图5-26 新建分区

(10) 单击 应用(P) 按钮新建分区，弹出如图 5-27 所示的提示对话框，单击 确定 按钮继续操作，分区结果如图 5-28 所示。

图5-27 提示对话框

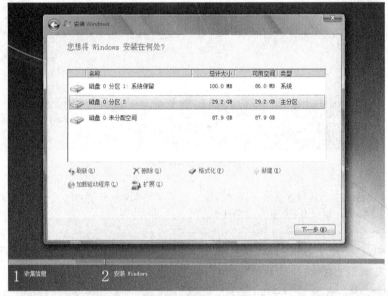

图5-28 选择安装分区

(11) 选择用于安装 Windows 7 的分区（这里选择"磁盘 0 分区 2"），单击 下一步(N) 按钮。

(12) 安装程序将自动进行文件的复制和安装，此过程通常需要较长时间，如图 5-29 所示。

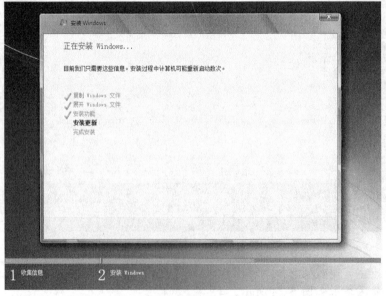

图5-29 复制文件并安装

(13) 完成后安装程序将自动重启计算机，如图 5-30 所示。

图5-30 自动重启计算机

(14) 计算机重启后从硬盘引导系统，将显示如图 5-31 所示的启动界面。

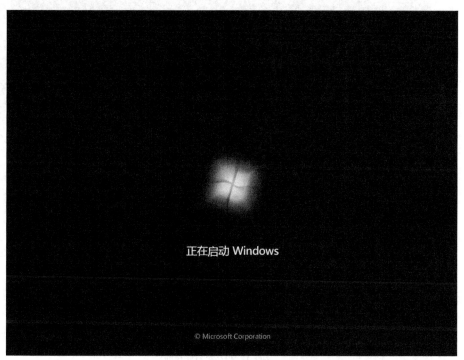

图5-31 Windows 7 启动界面

(15) 启动后将继续完成剩余的安装工作，此过程通常需要较长时间，如图 5-32 所示。

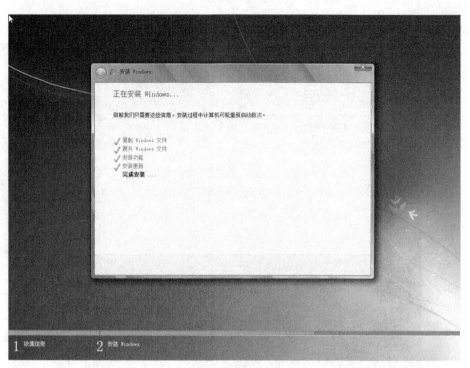

图5-32　安装界面

(16) 完成后将再次重启计算机，如图 5-33 所示。

图5-33　再次重启计算机

(17) 重启后从硬盘引导系统，安装程序将进行计算机用户名等设置，如图 5-34 所示。

图5-34 设置用户名和计算机名称

(18) 输入用户名和计算机名称后单击 下一步(N) 按钮，继续为账户设置密码，如图 5-35
所示。

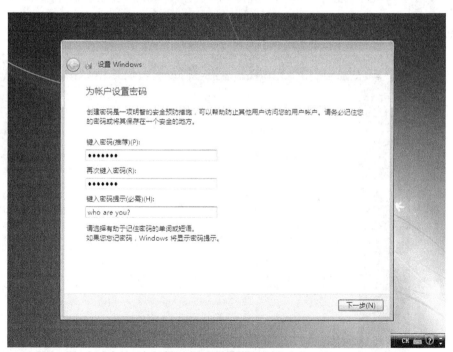

图5-35 设置账户密码

(19) 单击 下一步(N) 按钮，输入 Windows 产品密钥，如图 5-36 所示。

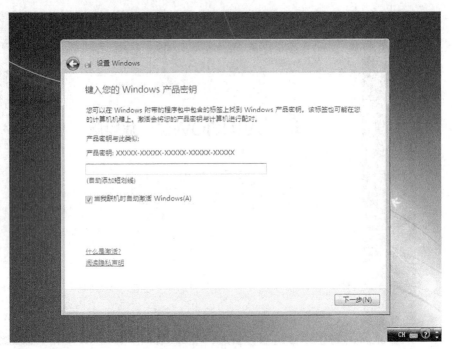

图5-36 输入产品密钥

 要点提示　　在此处产品密钥并不是必须输入，可以在操作系统安装完成后再使用产品密钥对系统进行激活。另外，不输入产品密钥也可以对 Windows 7 操作系统进行试用。

(20) 单击 下一步(N) 按钮，继续进行更新方面的设置，如图 5-37 所示。

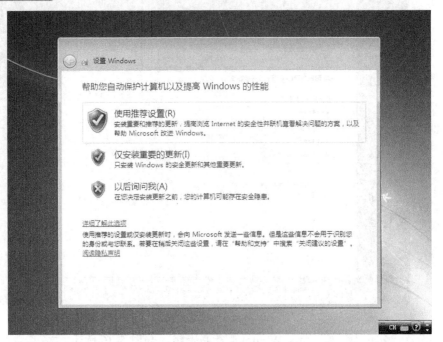

图5-37 设置更新

(21) 选择【使用推荐设置】选项，接着进行时间和日期设置，如图 5-38 所示。

图5-38 设置时间和日期

(22) 设置完成后单击 下一步(N) 按钮，进行网络设置，如图 5-39 所示。

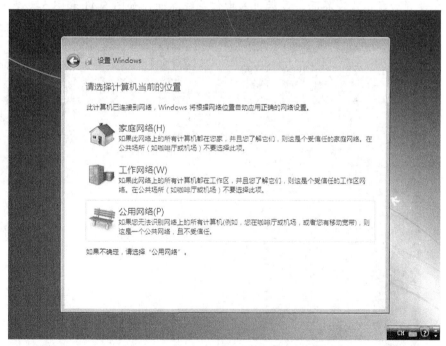

图5-39 网络设置

 要点提示 此处有 3 种网络类型供选择，可根据提示信息进行选择。对于一般用户或对网络类型不清楚的用户通常选择默认的"公用网络"即可。

(23) 选择【公用网络】选项，安装程序提示完成设置，如图 5-40 所示。

图5-40　完成设置

(24) 完成设置后显示欢迎界面，最后进入操作系统界面，如图 5-41 和图 5-42 所示。

图5-41　欢迎界面

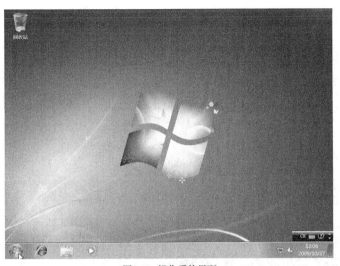

图5-42 操作系统界面

5.2 安装驱动程序

驱动程序是指允许操作系统和系统中的硬件设备通信的程序文件，它的作用是让计算机各硬件能正常工作。在安装了操作系统之后，若不安装相应的硬件驱动程序，那么该硬件将不能正常工作。

驱动程序获取主要有两个来源。

- 在购买配件的时候，一般都附带有驱动程序的光盘。例如，主板有主板驱动程序光盘，显卡有显卡驱动程序光盘。
- 从网上下载获得。在所购买设备的官方网站上一般有其产品的驱动程序。

要点提示

一定要注意保存配件的驱动光盘和说明书，在重装系统和排除系统故障时会经常用到。如果不小心丢了，也可以到网上下载相应的驱动程序和说明书。只要是正规厂商的主流产品，一般都能找到其驱动程序和说明书，但是杂牌产品就不一定了，这也是前面建议大家购买主流品牌的原因之一，因为驱动程序会直接影响硬件的性能表现，主流品牌的厂商会不断更新其产品的驱动程序，所以建议大家每隔一段时间都更新与硬件型号相对应的最新的驱动程序。

5.2.1 安装主板驱动程序

所有驱动程序中，主板驱动无疑是重中之重，这是由于主板在所有硬件中的地位所决定的。所以安装驱动程序的顺序，通常是先安装主板驱动程序，然后再安装显卡等其他驱动程序。

【例5-4】 安装主板驱动程序。

 操作步骤

(1) 将计算机的主板驱动光盘放入光驱，通常光盘会自动运行安装程序，否则可打开光盘目录，手动运行安装程序。图 5-43 所示为主板驱动程序安装界面。

图5-43 主板驱动程序安装界面

(2) 在图 5-43 所示的界面中有 4 个选项，后 3 个选项是关于芯片组、声卡等单独的驱动程序，这里选择第 1 项，单击 ASUS InstAll - Drivers Installation Wizard 按钮。

(3) 安装过程中保持默认设置。安装完成后，重启计算机。

(4) 用鼠标右键单击【我的电脑】图标，在弹出的快捷菜单中选择【属性】/【硬件】/【设备管理器】命令，打开如图 5-44 所示的【设备管理器】窗口，查看驱动程序是否安装成功。如果设备前面没有黄色问号，则说明主板驱动程序安装成功。

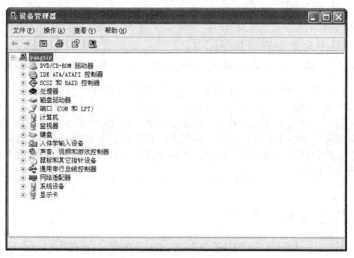

图5-44 【设备管理器】窗口

5.2.2 安装显卡驱动程序

显卡对计算机显示的效果起着决定性的作用，如果没有正确安装显卡驱动程序，不仅硬件本身的性能无法发挥，而且在使用计算机时对用户的眼睛也会有伤害，所以安装匹配的显卡驱动程序是很有必要的。

【例5-5】 安装显卡驱动程序。

 操作步骤

(1) 将显卡驱动光盘放入光驱中。

(2) 用鼠标右键单击【我的电脑】图标，在弹出的快捷菜单中选择【属性】/【硬件】/【设备管理器】命令，打开【设备管理器】窗口，展开【显示卡】选项，可见视频控制器前面有黄色问号，表示其驱动程序没有安装，如图 5-45 所示。

(3) 双击【视频控制器（VGA 兼容）】选项，弹出【视频控制器（VGA 兼容）属性】对话框，如图 5-46 所示。

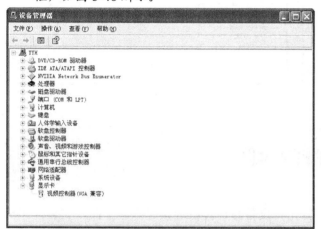

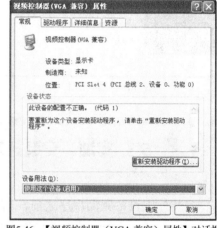

图5-45 未安装显卡驱动程序时的【设备管理器】窗口　　图5-46 【视频控制器（VGA 兼容）属性】对话框

(4) 单击 重新安装驱动程序(I)... 按钮，弹出【硬件更新向导】对话框，如图 5-47 所示。

(5) 选择【从列表或指定位置安装（高级）】单选钮，然后单击 下一步(N) > 按钮，进入【请选择您的搜索和安装选项】向导页，如图 5-48 所示。

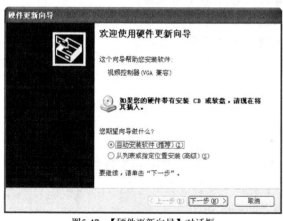

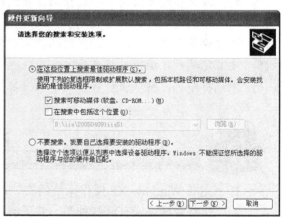

图5-47 【硬件更新向导】对话框　　　　　　　　图5-48 选择驱动程序的位置

 要点提示 如果驱动程序是放在光盘中，则勾选【搜索可移动媒体（软盘、CD-ROM…）】复选框；如果驱动程序是放在硬盘的某个文件夹中，则勾选【在搜索中包括这个位置】复选框，然后单击 浏览(R) 按钮，找到相应的文件夹。

(6) 单击 下一步(N) > 按钮，向导将会在指定的位置搜索驱动程序，如果找到驱动程序，会自动进行安装，最终效果如图 5-49 所示。

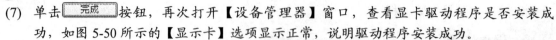

(7) 单击 完成 按钮，再次打开【设备管理器】窗口，查看显卡驱动程序是否安装成功，如图 5-50 所示的【显示卡】选项显示正常，说明驱动程序安装成功。

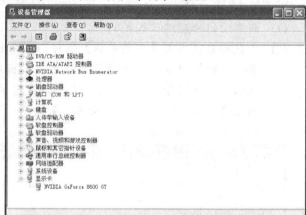

图5-49 完成安装   图5-50 安装显卡驱动程序后的【设备管理器】窗口

5.3 实训　安装打印机驱动程序

安装外围设备驱动程序之前，需要首先将设备与计算机连接起来。下面以安装打印机驱动程序为例，训练安装外围设备驱动程序的基本方法和步骤。

 操作提示

(1) 确保打印机的数据线和电源线分别正确接入打印机中的相应接口。

(2) 将数据线和电源线的另一端分别连接到计算机的 USB 接口和电源。

(3) 将打印机随机附带的安装光盘放入光驱中，自动运行安装程序。

(4) 根据安装程序向导的提示依次选择相应的选项，逐步完成安装工作。

(5) 安装完毕后，退出安装程序。

(6) 测试打印机，确认驱动程序被正确安装。

 习题

1. 完成 Windows XP 操作系统的安装，并了解各个安装步骤所完成的工作。

2. 文件系统格式有哪些种类？并了解它们之间的区别。

3. 查看自己计算机硬件的驱动情况。

4. 安装常用的应用软件，如 Office、腾讯 QQ 等软件。

5. 安装暴风影音软件，然后再将其卸载。

第6章 系统性能测试与优化

用户若要更全面地熟悉计算机的性能、识别硬件的真伪，以及让计算机长期保持最佳的工作状态，就需要对系统的性能进行测试和优化。本章主要介绍运用软件测试计算机系统的性能以及优化系统的方法，以使用户对系统进行优化时更加方便和快捷。

- 熟练运用 EVEREST 和 **3DMark** 对系统的性能进行测试。
- 掌握对系统进行优化的常用方法。

6.1 测试系统性能

通过对系统性能的全面测试，能够为用户提供详细的系统信息（包括硬件和软件），为用户优化系统、管理硬件和软件提供必要的依据，同时为识别硬件真伪提供了可靠依据。下面将以两款常用的测试软件为例来进行介绍。

6.1.1 用 EVEREST 对整机性能进行测试

EVEREST Ultimate Edition 是国外一款专业的性能测试软件，它可以详细地显示出计算机每一个方面的信息，而且它还能帮助用户检测并口、串口、USB 这些 PNP 设备，进行各式各样的 CPU 和浮点运算单元（Float Point Unit，FPU）侦测。

【例6-1】 用 EVEREST 对整机性能进行测试。

 操作步骤

(1) 在本机上安装 EVEREST。

(2) 检测所有硬件信息。

① 启动 EVEREST，其主界面如图 6-1 所示。

图6-1 EVEREST 主界面

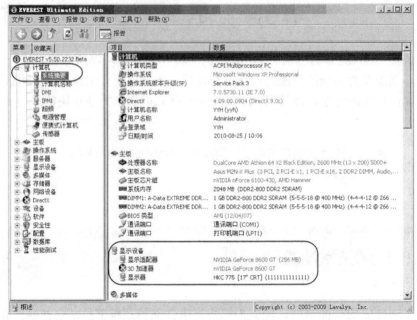 ② 在左侧的【菜单】栏展开【计算机】/【系统摘要】选项，此时界面右侧显示本机的详细信息，如图 6-2 所示。其中包括计算机、主板、显示设备、多媒体、存储器、网络设备、设备、安全性等全方位的信息。

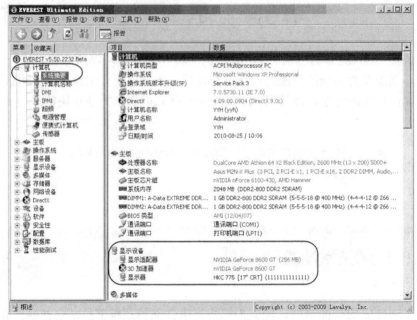

图6-2 计算机的详细信息

例如，从显示设备选项中，可以看出以下信息。

- 显卡芯片：GeForce 8600GT。
- 芯片厂商：NVIDIA。
- 显存容量：256MB。

③ 单击"显示适配器"的参数，还可以进行驱动程序更新等快捷操作，如图 6-3 所示。

图6-3 快捷操作

(3) 检测 CPU。

在左侧的【菜单】栏中展开【主板】/【中央处理器（CPU）】选项，此时界面右侧显示 CPU 的详细信息，如图 6-4 所示。

图6-4　CPU 详细信息

从图中可得知 CPU 的主要参数如下。

- CPU 名称：AMD Athlon 64 X2 Black Edition, 2600 MHz（13*200）5000+(65nm)/黑盒。
- 指令集：x86，x86-64，MMX，3DNow!，SSE，SSE2，SSE3。
- 原始频率：2600 MHz。
- 一级缓存：L1 2*128KB。
- 二级缓存：L2 2*512KB。

6.1.2　用 3DMark 对显卡性能进行测试

由于影响显卡性能的因素很多，即使同一型号的显卡它们的性能也会有一些小的差异，所以测试显卡的性能是很有必要的。FutureMark 推出的 3DMark 系统测试软件经过多年的发展，已经成为标准显卡的专业测试软件。其测试的主要方式是通过运行几个测试游戏以从中获得显卡的各个参数，并给出最终的得分，其界面如图 6-5 所示。

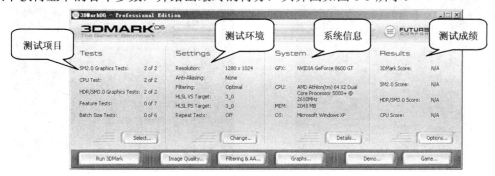

图6-5　3DMark 06 主界面

通过 3DMark 06 对计算机的测试，用户可以获得以下信息。

- 3DMark 得分：计算机 3D 性能的衡量标尺。
- SM2.0 得分：计算机 ShaderModel 2.0 性能的衡量标尺。
- HDR/SM3.0 得分：计算机 HDR 和 ShaderModel 3.0 性能的衡量标尺。
- CPU 得分：计算机处理器性能的衡量标尺。
- 与全球各地的最新计算机进行性能比拼。
- 为用户硬件升级提供指导。
- 欣赏下一代实时 3D 画面。

【例6-2】 用 3DMark 对显卡性能进行测试。

 操作步骤

(1) 设置基本参数。

④ 启动 3DMark 06，在主界面中单击 Change... 按钮，弹出【Benchmark Settings】对话框，如图 6-6 所示。

⑤ 在【Resolution】下拉列表中选择【1024×768】选项，如图 6-7 所示。当前设置要根据用户计算机显示器的分辨率来定。然后单击 OK 按钮，回到主界面。

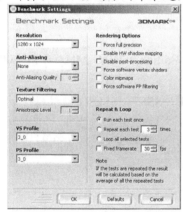

图6-6 【Benchmark Settings】对话框

图6-7 设置参数

(2) 运行测试。

① 单击 Run 3DMark 按钮，软件将自动开始测试用户的计算机。测试过程中可以观赏美轮美奂的游戏场景，如图 6-8 和图 6-9 所示。

图6-8 游戏场景（1）

图6-9 游戏场景（2）

② 测试完成，将会弹出【3DMark Score】对话框，如图 6-10 所示。软件会给出 4 个得分：3DMark 得分、SM2.0 得分、HDR/SM3.0 得分以及 CPU 得分。

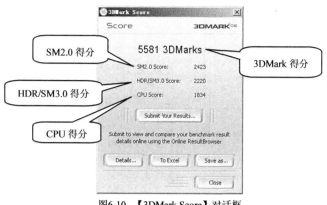

图6-10 【3DMark Score】对话框

③ 如果是注册用户，可单击 Submit Your Results... 按钮，把分数通过软件上传到 Internet，和世界各地的计算机做对比。

6.2 优化计算机系统

计算机系统本身极为庞大、复杂，使用一段时间后难免会出现系统性能下降、出现故障等情况，所以需经常对系统进行优化设置。下面将介绍对硬盘的优化、开机速度的优化、网络优化以及 BIOS 优化。

6.2.1 使用系统自带功能优化系统

Windows 操作系统本身就自带了许多优化功能，只要用户进行一些简单的设置就可以优化系统，其主要是针对硬盘性能、开机速度以及网络等方面进行优化。下面将介绍使用一些常用的 Windows 操作系统自带功能优化系统的方法。

1. 优化硬盘性能

硬盘是一台计算机最主要的存储设备，硬盘的性能在很大程度上影响整个计算机数据交换的速度，因此对硬盘的优化是很重要的。

目前常见的硬盘都支持 DMA 传输模式，DMA 是快速的传输模式，打开硬盘的 DMA 传输模式不仅能提高传输速率，减少寻道时间，而且还可降低硬盘读取数据时 CPU 的占用率。

【例6-3】 优化硬盘性能。

 操作步骤

(1) 用鼠标右键单击【我的电脑】图标，在弹出的快捷菜单中选择【属性】命令，弹出【系统属性】对话框，切换到【硬件】选项卡，如图 6-11 所示。

(2) 单击 设备管理器⑪ 按钮，打开【设备管理器】窗口，如图 6-12 所示。

(3) 展开【IDE ATA/ATAPI 控制器】选项，如图 6-13 所示。

(4) 双击【主要 IDE 通道】选项，弹出【主要 IDE 通道属性】对话框，然后切换到【高级设置】选项卡，将其中的【设备类型】设置为"自动检测"，将【传送模式】设置为

"DMA（若可用）"，如图 6-14 所示。

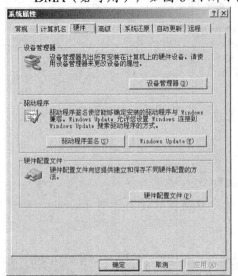

图6-11　【硬件】选项卡

图6-12　【设备管理器】窗口

图6-13　展开【IDE ATA/ATAPI 控制器】选项

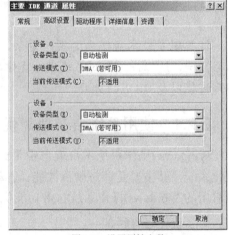

图6-14　设置属性参数

(5) 单击 确定 按钮完成设置，然后使用相同的方法设置【次要 IDE 通道属性】对话框中的选项。

2.　整理磁盘碎片

系统在长时间的运行过程中，由于不断地增加和删除文件，磁盘上的碎片文件会越来越多，这样系统运行速度和使用效率都会明显下降，因此每隔一两个月就应该对磁盘进行一次碎片整理，清除磁盘上的碎片。

【例6-4】　整理磁盘碎片。

 操作步骤

(1) 在桌面工具栏中选择【开始】/【程序】/【附件】/【系统工具】/【磁盘碎片整理程序】命令，打开【磁盘碎片整理程序】窗口，如图 6-15 所示。

(2) 选择要进行分析的磁盘，这里选择 D 盘，如图 6-16 所示。

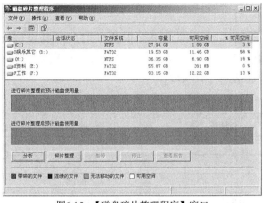

图6-15 【磁盘碎片整理程序】窗口	图6-16 选择 D 盘

(3) 单击 [分析] 按钮，开始对该盘进行分析，如图 6-17 所示。分析完成后，就会弹出碎片分析结果并提示用户是否应该进行碎片整理，如图 6-18 所示。

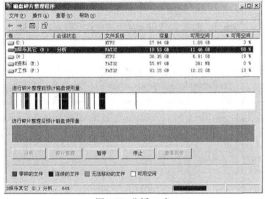

图6-17 分析 D 盘	图6-18 分析完成

(4) 单击 [碎片整理(D)] 按钮，开始整理该盘，如图 6-19 所示。整理完成后，将弹出如图 6-20 所示的对话框，单击 [关闭(C)] 按钮，即可完成对该磁盘的整理。使用相同的方法可对其他磁盘进行整理。

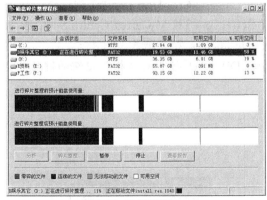

图6-19 正在整理碎片	图6-20 整理完成

3. 优化开机速度

随着系统中安装的软件增多，计算机的开机速度通常会变得越来越慢，许多用户在开机后往往会花大量的时间等待进入系统。为了减少开机进入系统的时间，则应对系统的开机速度进行优化，下面将介绍几种优化开机速度的方法。

(1) 减少进度条等待时间。

每次启动 Windows XP 操作系统的时候，蓝色的滚动条都会滚动很久，用户可以设置注册表中 EnablePrefetcher 键的键值来改变计算机的预读方式，从而达到减少进度条等待时间的目的。EnablePrefetcher 键的键值相对应的功能如表 6-1 所示。

表 6-1　　　　　　　　　　　　　　　EnablePrefetcher 键的键值及功能

键值	功能
0	取消预读取功能
1	系统将只预读取应用程序
2	系统将只预读取 Windows 操作系统文件
3	系统将预读取 Windows 操作系统文件和应用程序（Windows XP 操作系统的默认值）

【例6-5】　减少进度条等待时间。

 操作步骤

① 在桌面工具栏中选择【开始】/【运行】命令，弹出【运行】对话框，在对话框中输入 "regedit"，如图 6-21 所示。
② 单击　确定　按钮，打开【注册表编辑器】窗口，如图 6-22 所示。

图6-21　输入 "regedit"　　　　　　　　　　　图6-22　【注册表编辑器】窗口

③ 在该窗口中依次展开 HKEY_LOCAL_MACHINE\SYSTEM\CurrentControlSet\Control\ Session Manager\Memory Management\PrefetchParameters 项，如图 6-23 所示。
④ 双击右侧的 EnablePrefetcher 键，弹出【编辑 DWORD 值】对话框，把它的键值改为 "1"，如图 6-24 所示。

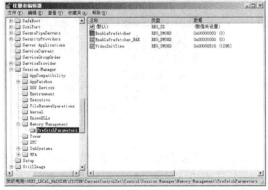

图6-23　展开注册表项　　　　　　　　　　　图6-24　修改键值

⑤ 单击 确定 按钮，完成修改。

(2) 取消多余的启动项。

某些软件在安装之后会默认随系统的启动而运行，这样会使系统启动的速度变慢。为了加快系统的启动速度，需要关闭一些不必要软件的自动运行程序。

【例6-6】 取消多余的启动项。

操作步骤

① 在桌面工具栏中选择【开始】/【运行】命令，弹出【运行】对话框，在对话框中输入"msconfig"，如图 6-25 所示。

② 单击 确定 按钮，弹出【系统配置实用程序】对话框，如图 6-26 所示。

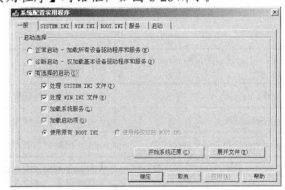

图6-25 输入"msconfig"　　　　图6-26 【系统配置实用程序】对话框

③ 切换到【启动】选项卡，在【启动项目】列表框中列出了随系统启动而自动运行的程序，如图 6-27 所示。

④ 取消多余启动项前面复选框的勾选，如图 6-28 所示。一般情况下，只保留 ctfmon 和杀毒软件启动项即可。

图6-27 【启动】选项卡　　　　　　图6-28 取消多余启动项

⑤ 设置完成后，单击 确定 按钮，按照提示重新启动计算机。重启计算机后，未勾选的启动项就不会随系统的启动而运行了。

(3) 关闭多余的服务。

操作系统在默认情况下加载了很多服务，这些服务在系统、网络中发挥了很大的作用，但并不是每个用户都需要这些服务，因此有必要将一些不需要或用不到的服务关闭，以加快开机速度并节省内存资源。

在 Windows XP 操作系统中可禁止或停用的组件服务如表 6-2 所示。

表 6-2　　　　　　　在 Windows XP 操作系统中可禁止或停用的组件服务

可禁止或停用的组件服务	功能
Clipbook Server	该服务允许网络中的其他用户看到本机剪切板中的内容，建议改为手动启动
Error Reporting Service	服务和应用程序在非标准环境下运行时提供错误报告，建议改为手动启动
Automatic Updates	自动更新。若不使用系统自带的更新功能，应禁用
Printer Spooler	打印后台处理程序。若用户没有配置打印机，应禁用
Network DDE 和 Network DDE DSDM	动态数据交换。除非用户准备在网上共享自己的 Office，否则应该将它改为手动启动
Fast User Switching Compatibility	快速用户切换兼容性。建议改为手动启动
Net Logon	网络注册功能，用于处理如注册信息那样的网络安全功能。建议改为手动启动
Remote Desktop Help Session Manager	远程桌面帮助会话管理器。建议改为手动启动
Remote Registry	远程注册表。使远程用户能修改本地计算机中的注册表设置，建议禁用
Task Scheduler	任务调度程序，使用户能在计算机中配置和制订自动任务的日程，建议禁用
Uninterruptible Power Supply	UPS 不间断电源管理程序，若无此设备则禁用
Windows Image Acquisition	Windows 图像获取功能，用于为扫描仪和照相机提供图像捕获。如果用户没有这些设备，建议改为手动启动

【例6-7】　关闭多余的服务。

 操作步骤

① 在桌面工具栏中选择【开始】/【控制面板】命令，打开【控制面板】窗口，如图 6-29 所示。

② 双击【管理工具】选项，打开【管理工具】窗口，如图 6-30 所示。

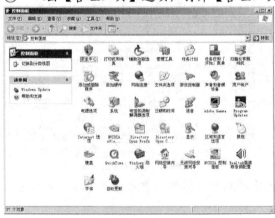 

图6-29　【控制面板】窗口　　　　　　　　　图6-30　【管理工具】窗口

③ 在【管理工具】窗口中双击【服务】选项，打开【服务】窗口，其中包含了 Windows 操作系统提供的各种服务，如图 6-31 所示。

④ 若要禁用【Messenger】服务，可以双击【Messenger】选项，弹出【Messenger 的属性（本地计算机）】对话框，如图 6-32 所示。

⑤ 在对话框中的【启动类型】下拉列表中选择【已禁用】选项，即可将【Messenger】服务停止，如图 6-33 所示。

图6-31　【服务】窗口

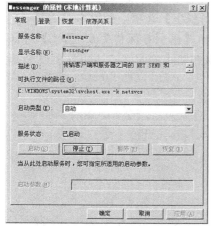

图6-32　【Messenger 的属性（本地对话框）】对话框

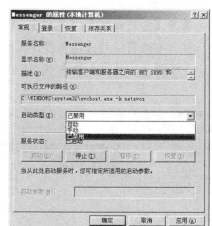

图6-33　禁用该服务

⑥ 单击 确定 按钮，完成操作。

4. 优化网络

网络已经成为现在非常流行的词语，网上聊天、网上购物、网上查阅资料、网上下载资源等都是计算机用户常做的事。为了让用户更好地享受网络世界带来的乐趣，下面来介绍两个网络优化的操作。

(1) 解除带宽限制。

在计算机网络中，带宽用来表示网络的通信线路所能传送数据的能力，因此，网络带宽表示在单位时间内从网络中的某一点到另一点所能通过的"最高数据率"。在默认情况下，Windows XP 操作系统会保留一块网卡 20% 的带宽，为了让用户拥有全部的带宽，需要解除计算机上的带宽限制。

【例6-8】　解除带宽限制。

操作步骤

① 在桌面工具栏中选择【开始】/【运行】命令，弹出【运行】对话框，在对话框中输入"gpedit.msc"，如图 6-34 所示。

② 单击 确定 按钮，打开【组策略】窗口，如图 6-35 所示。

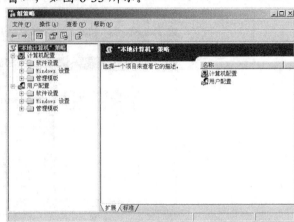

图6-34 输入 "gredit.msc"　　　　　　　图6-35 【组策略】窗口

③ 展开【管理模板】/【网络】/【QoS 数据包计划程序】选项，如图 6-36 所示。

④ 双击右边窗口的【限制可保留带宽】选项，弹出【限制可保留带宽 属性】对话框，然后选择【已启用】单选钮，并在【带宽限制】数值框中输入 "0"，如图 6-37 所示。

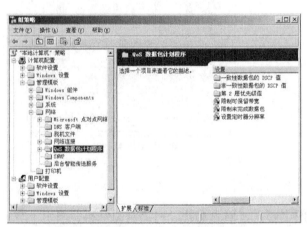

图6-36 展开【QoS 数据包计划程序】选项

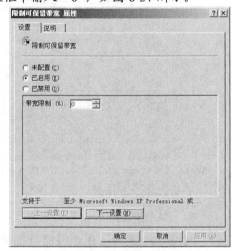

图6-37 设置属性参数

⑤ 单击 确定 按钮，完成设置。

(2) 加速共享。

文件共享是指在网络环境下文件、文件夹、某个硬盘分区使用时的一种设置属性，一般指多个用户可以同时打开或使用同一个文件或数据。当用户通过共享连接其他计算机时，计算机会检查对方计算机上所有预定的任务，而且还会让用户经过漫长地等待后才显示其共享目录，这对共享的使用带来了许多不便，用户可以通过注册表设置来加速共享。

【例6-9】 加速共享。

 操作步骤

① 在桌面工具栏中选择【开始】/【运行】命令，弹出【运行】对话框，在对话框中输入 "regedit"，如图 6-38 所示。

② 单击 确定 按钮，打开【注册表编辑器】窗口，如图 6-39 所示。

图6-38 输入 "regedit"

图6-39 【注册表编辑器】窗口

③ 依次展开 HKEY_LOCAL_MACHINE\SOFTWARE\Microsoft\Windows\CurrentVersion\Explorer\RemoteComputer\NameSpace 项，如图 6-40 所示。

④ 删除【{D6277990-4C6A-11CF-8D87-00AA0060F5BF}】项，如图 6-41 所示，然后重新启动计算机后，即可完成设置。

图6-40 展开注册表项

图6-41 删除键

6.2.2 使用软件优化系统

用户仅使用系统自带的功能优化系统是远远不够的，还需要掌握一些系统优化软件来优化系统。软件优化相对于系统自身的优化功能而言更加全面和简单，能更好地提高计算机的运行速度。

Windows 优化大师是一款功能强大的系统工具软件，其主界面如图 6-42 所示。它提供了全面有效且简便安全的系统检测、系统优化、系统清理、系统维护 4 大功能模块及数个附加的工具软件。

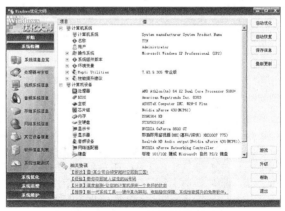

图6-42 Windows 优化大师主界面

1. 优化磁盘缓存

Windows 操作系统的磁盘缓存对系统的运行起着至关重要的作用，对其进行合理的设置也相当重要。设置磁盘缓存涉及内存容量、日常运行任务的多少等问题，因此操作比较烦琐。下面介绍优化磁盘缓存的方法。

【例6-10】 使用优化大师优化磁盘缓存。

 操作步骤

(1) 启动 Windows 优化大师，进入主界面。单击【系统优化】模块下的 磁盘缓存优化 按钮，右侧将显示【磁盘缓存优化】窗口，如图 6-43 所示。

图6-43 【磁盘缓存优化】窗口

(2) 单击 设置向导 按钮，弹出【磁盘缓存设置向导】对话框，如图 6-44 所示。

(3) 单击 下一步 按钮，弹出如图 6-45 所示的对话框，选择【Windows 标准用户】单选钮，选择计算机类型。

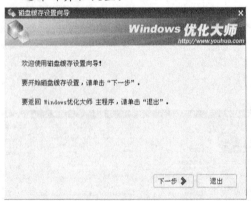

图6-44 【磁盘缓存设置向导】对话框

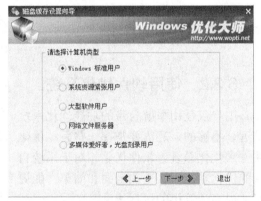

图6-45 选择计算机类型

要点提示

在选择计算机类型时，要根据用户的实际情况而定。【Windows 标准用户】适用于 Windows 的普通用户（即没有特殊需求的用户，建议大多数用户选择此项）；【系统资源紧张用户】适用于开机后系统资源的可用空间较小的用户；【大型软件用户】适用于经常同时运行几个大型程序的用户；【多媒体爱好者，光盘刻录用户】适用于经常进行光盘刻录或经常运行多媒体程序的用户。

(4) 单击 下一步 按钮，弹出如图 6-46 所示的对话框，软件将给出对计算机的优化建议。

(5) 单击 下一步 按钮，完成磁盘优化设置向导，如图 6-47 所示。

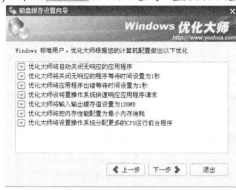 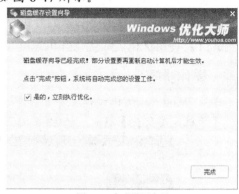

图6-46 优化建议 　　　　　　　　　　图6-47 完成设置向导

(6) 单击 完成 按钮，将弹出【提示】对话框，如图 6-48 所示。

(7) 单击 确定 按钮，返回到【磁盘缓存优化】窗口，此时优化参数已经设置完成，如图 6-49 所示。

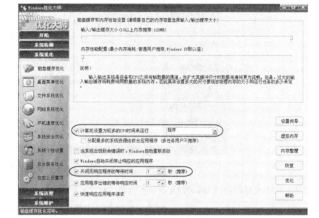

图6-48 【提示】对话框 　　　　　　　　　图6-49 优化参数设置完成

(8) 单击 优化 按钮，软件将对磁盘进行优化，优化完成后左下角会显示"磁盘缓存优化完毕"的字样，如图 6-50 所示。

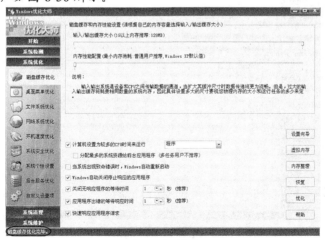

图6-50 完成优化

2. 优化开机速度

漫长的开机等待，对每一个用户来说都是头痛的事情，Windows 优化大师可通过减少引导信息停留时间和取消不必要的开机自动运行程序来提高计算机的启动速度。

【例6-11】 使用优化大师优化开机速度。

 操作步骤

(1) 进入 Windows 优化大师主界面，单击【系统优化】模块下的 按钮，右侧将显示【开机速度优化】窗口，如图 6-51 所示。

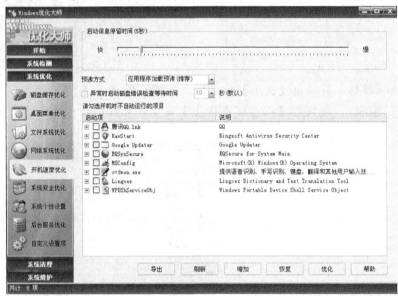

图6-51 【开机速度优化】窗口

(2) 向左移动【启动信息停留时间】下的滑块直至上面显示"直接进入"文字，如图 6-52 所示，从而使启动信息停留时间最短。

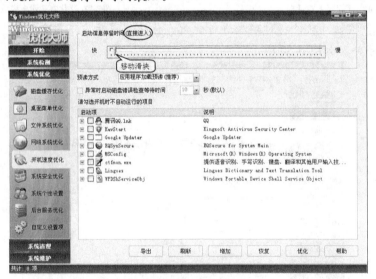

图6-52 开机速度优化设置

(3) 在【启动项】列表框中勾选开机时不自动运行的项目，如图 6-53 所示。为了加快开机速度，一般只保留杀毒软件和 ctfmon.exe（输入法）两项。

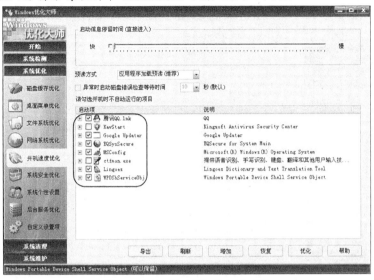

图6-53　勾选开机时不自动运动的项目

(4) 单击 ▢优化▢ 按钮，完成开机速度优化。

3.　清理注册表

注册表中的冗余信息不仅影响其本身的存取效率，还会导致系统整体性能的降低。因此，用户有必要定期清理注册表。

【例6-12】使用优化大师清理注册表。

操作步骤

(1) 进入 Windows 优化大师主界面，单击【系统清理】模块下的 ▢注册信息清理▢ 按钮，在右侧将显示【注册信息清理】窗口，如图 6-54 所示。

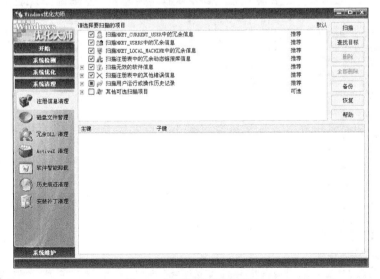

图6-54　【注册信息清理】窗口

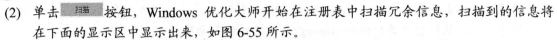

(2) 单击 扫描 按钮，Windows 优化大师开始在注册表中扫描冗余信息，扫描到的信息将在下面的显示区中显示出来，如图 6-55 所示。

图6-55 扫描到的冗余信息

(3) 单击 全部删除 按钮，将弹出如图 6-56 所示的提示对话框，询问用户是否备份注册表。

(4) 单击 是(Y) 按钮，Windows 优化大师将自动备份注册表，备份完成后将弹出如图 6-57 所示的提示对话框，询问用户是否删除所有扫描到的注册表信息。

图6-56 询问是否备份

图6-57 询问是否全部删除

(5) 单击 确定 按钮，将删除所有扫描到的冗余注册表信息。删除完成后将在左下角显示删除的项数，如图 6-58 所示。

图6-58 冗余信息删除完成

4. 删除垃圾文件

计算机中应用程序的运行和卸载以及 IE 浏览器运行等都会产生大量的垃圾文件。随着系统运行时间增长，垃圾文件就会不断地增加，从而影响系统的运行速度，而通过手动设置来删除垃圾文件不够全面，下面介绍利用软件删除垃圾文件的方法。

【例6-13】使用优化大师删除垃圾文件。

 操作步骤

(1) 进入 Windows 优化大师主界面，单击【系统清理】模块下的 磁盘文件管理 按钮，在右侧将显示【磁盘文件管理】窗口，如图 6-59 所示。

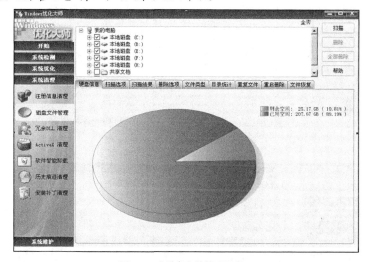

图6-59 【磁盘文件管理】窗口

此时可以切换到【扫描选项】选项卡，在该选项卡中可以对扫描的内容进行选择，如图 6-60 所示。

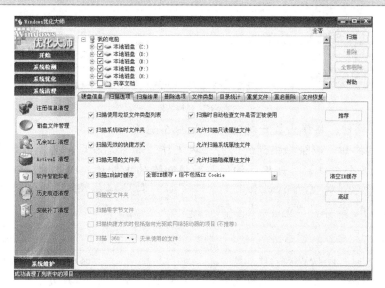

图6-60 【扫描选项】选项卡

(2) 单击 <u>扫描</u> 按钮，软件将自动开始扫描磁盘中的垃圾文件，如图 6-61 所示。扫描结束后将会在下面窗口中显示所有扫描到的垃圾文件，如图 6-62 所示。

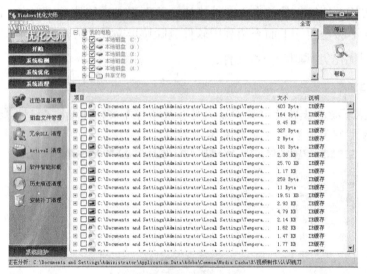

图6-61 进行扫描

图6-62 扫描结果

(3) 单击 <u>全部删除</u> 按钮，将弹出提示对话框，如图 6-63 所示。

(4) 单击 <u>确定</u> 按钮，删除扫描到的所有垃圾文件。删除完成后，将弹出如图 6-64 所示的【确认删除多个文件】对话框，询问是否将删除的文件放入回收站。

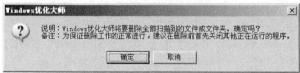

图6-63 询问是否删除文件

图6-64 询问是否放入回收站

(5) 单击 <u>是(Y)</u> 按钮，被删除的文件将被放入回收站，如图 6-65 所示。

图6-65 删除所有的垃圾文件

6.3 实训 使用超级兔子优化系统性能

超级兔子 2011beta 是一个完整的系统工具，包括硬件、驱动、升级、清理、魔法设置、IE 守护等 6 大功能模块，帮助用户打造属于自己的优质系统。

 操作提示

(1) 系统体检。

启动超级兔子 2011beta 后将自动对系统进行体检，然后给出检测结果，如图 6-66 所示。单击 开始检测 按钮可以重新开始体检。当前扫描到的结果让用户对计算机的健康状况有一个基本了解，稍后将陆续介绍处理发现的问题的基本方法。

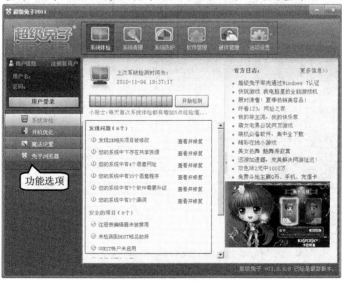

图6-66 系统体检结果

(2) 开机优化。

在界面左侧功能选项中选中【开机优化】选项，在界面中部列出开机时启动的程序，可以根据软件提示单击 禁 止 按钮禁止某些程序自动运动，如图 6-67 所示。

图6-67 禁止开机启动的程序

(3) 清理垃圾文件。

在界面中央选中需要清理的磁盘，完成后单击 开始扫描 按钮，扫描完成后将显示扫描结果，选中需要清理的垃圾文件，然后单击 立即清理 按钮进行清理，如图 6-68 所示。

图6-68 清理垃圾文件

(4) 清理注册表。

在左侧功能选项列表中首先选中【清理注册表】选项，随后将显示扫描结果，选中需要清理的内容后单击 立即清理 按钮进行清理，如图 6-69 所示。

图6-69　清理注册表

(5) 兔子云查杀。

单击操作界面顶部的 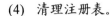（系统防护）按钮，切换到【系统防护】面板。在左侧功能选项列表中首先选中【兔子云查杀】选项，超级兔子对系统安全环境进行检测并给出结果。同时检测系统已经检测到安装的杀毒软件，单击 启动 按钮可以启动杀毒功能，如图 6-70 所示。

图6-70　兔子云查杀

(6) 专业卸载。

在左侧功能选项列表中选中【专业卸载】选项，可以扫描并修复系统中的恶意软件，如图 6-71 所示。

图6-71 专业卸载

 习题

1. 用 EVEREST 对一台计算机的主板进行测试。
2. 用 3DMark 对一台计算机的 3D 图形性能进行测试。
3. 在一台计算机上完成硬盘优化。
4. 在一台计算机上完成开机速度优化。
5. 使用 Windows 优化大师对一台计算机进行全面优化。

第7章 计算机维护、系统备份与数据恢复

计算机在使用过程中，会不可预知地遇到很多问题，如系统文件被破坏，文件被病毒感染等。遇到这些问题，用户应该采取什么措施来保护这些文件呢？当文件被格式化以后，怎样才能恢复它？操作过程中不小心误删了文件，怎样才能还原它？本章将详细介绍这些问题的解决方法。

- 掌握计算机的基本保养和维护知识。
- 掌握用 Ghost 备份和还原系统的方法。
- 掌握恢复数据的方法。

7.1 计算机的日常保养和硬件维护

计算机是我们生活中不可或缺的工具，为了延长其使用寿命并能为我们提供良好、稳定的工作环境，在日常使用中要注意保养和维护。

7.1.1 计算机的日常保养

计算机保养主要是指对硬件的保养，它主要体现在对各种器件的日常维护和工作时的注意事项上。

1. 硬盘的保养

硬盘在使用中必须正确保养，否则容易导致硬盘故障而缩短使用寿命，甚至殃及存储的数据，给用户带来不可挽回的损失，其保养要点如图 7-1 所示。

图7-1 硬盘的保养要点

2. 显示器的保养

显示器受外部环境的影响，其使用寿命会有较大的不同，CRT 显示器的保养要点如图 7-2 所示，LCD 的保养要点如图 7-3 所示。

图7-2 CRT 显示器保养要点

图7-3 LCD 保养要点

3. 光驱的保养

使用环境不佳、过度使用、误操作等因素都会造成光驱的使用寿命缩短。光驱的保养要点如图 7-4 所示。

图7-4 光驱的保养要点

4. 其他硬件的保养

（1）主板。

要注意防静电和形变。静电可能会损坏 BIOS 芯片和数据，损坏各种晶体管的接口门电路；板卡变形后会导致线路板断裂、元件脱焊等严重故障。

(2) CPU。

CPU 是计算机的"心脏"，要注意防高温和防高压。高温工作容易缩短 CPU 的寿命；高压工作很容易烧毁 CPU。

(3) 内存。

要注意防静电，过度超频极易引起黑屏，甚至使内存发热损坏。

(4) 电源。

要注意防止频繁开机和关机操作。

(5) 键盘。

要避免潮湿、多尘以及腐蚀性工作环境。沾染灰尘会使键盘触点接触不良、操作不灵活，拉拽易使键盘线断裂。

(6) 鼠标。

要防灰尘、强光以及拉拽。滚轴上沾上灰尘会使鼠标机械部件运作不灵；强光会干扰光电管接收信号；拉拽会使鼠标线断裂，使鼠标失灵。

7.1.2　计算机硬件的维护

计算机主机在长期的使用中，常常会出现各种硬件故障。而硬件故障在一般情况下都是由于机箱内的灰尘引起的，而主机也是最容易形成灰垢的地方，灰垢会使计算机在使用过程中噪声增大、死机频繁、运行发热多等，因此对主机应进行规律性的清洁维护。

1.　清洁显卡

显卡的清洁步骤如图 7-5～图 7-8 所示。

图7-5　从主板上卸下显卡

图7-6　使用毛刷清除灰尘

图7-7　使用吹气球将隐蔽的灰尘吹掉

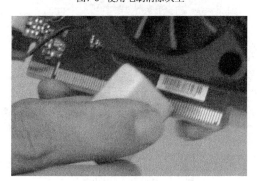

图7-8　使用橡皮擦擦除金手指上的铜锈

2.　清洁 CPU 风扇

CPU 风扇的清洁步骤如图 7-9～图 7-11 所示。

图7-9　使用干净的棉布将 CPU 散热片上的硅胶擦除干净

图7-10　使用毛刷刷去 CPU 风扇外表面的灰尘

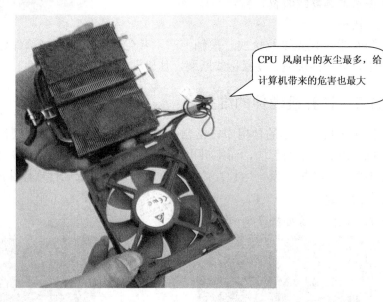

CPU 风扇中的灰尘最多，给计算机带来的危害也最大

图7-11　将 CPU 风扇和 CPU 散热片拆开，使用毛刷和吹气球将其清洁干净

3.　清洁内存

内存的清洁步骤如图 7-12 和图 7-13 所示。

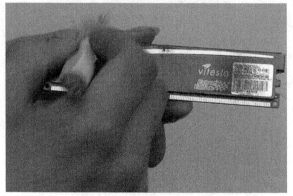

图7-12　使用刷子清洁内存卡外部

图7-13　使用橡皮擦将金手指擦拭干净

4.　清洁主板

主板的清洁步骤如图 7-14～图 7-16 所示。

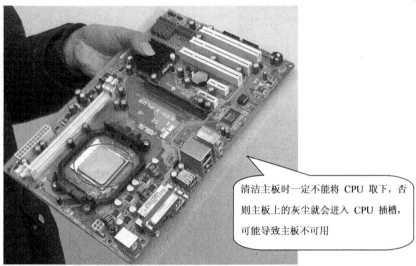

清洁主板时一定不能将 CPU 取下，否则主板上的灰尘就会进入 CPU 插槽，可能导致主板不可用

图7-14　卸下主板

图7-15　使用刷子清洁主板卡外部

图7-16　使用吹气球清洁隐蔽的灰尘

5.　清洁机箱和电源

机箱和电源的清洁步骤如图 7-17 和图 7-18 所示。

图7-17　使用刷子清洁机箱

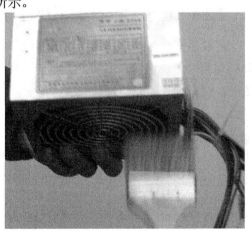

图7-18　使用毛刷清洁电源外部

6.　清洁液晶显示器

显示器的清洁步骤如图 7-19～图 7-21 所示。

图7-19　准备液晶屏清洁套装

图7-20　喷洒清洁液

图7-21　使用专用清洁布擦拭液晶屏

7.2　利用 Ghost 备份与还原系统

Ghost 是一个出色的硬盘备份工具，它可以把一个磁盘中的全部内容复制到另外一个磁盘中，也可以把磁盘内容复制为一个磁盘的镜像文件，还可以为新安装的操作系统创建一个原始磁盘的镜像。

对于一个防御及其他性能都调试得很好的系统可以使用 Ghost 将其备份，当系统瘫痪时再使用 Ghost 还原，以将系统快速恢复到计算机的最佳状态。

7.2.1　使用 Ghost 对系统进行备份

一般在安装完操作系统、驱动程序和一些常用软件（安装在 C 盘上）后，就用 Ghost 给 C 盘做一个镜像，并把这个镜像存放在其他逻辑盘上（如 D 盘）。

【例7-1】　使用 Ghost 对系统进行备份。

 操作步骤

(1) 进入 BIOS 设置主界面，设置系统启动顺序为从光盘启动，保存并重启计算机。将 Ghost 启动光盘放入光驱中。

(2) 进入 Ghost 启动界面，将显示 Ghost 系统信息，如图 7-22 所示。

(3) 单击 ▭OK▭ 按钮，选择【Local】/【Partition】/【To Image】命令，如图 7-23 所

图7-22　Ghost 系统信息

示，弹出如图 7-24 所示对话框，选择用以存放镜像文件的硬盘。如果有多个硬盘，该对话框将会列出所有硬盘以供选择。

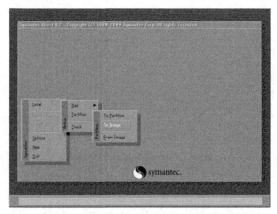

图7-23 选择制作镜像文件

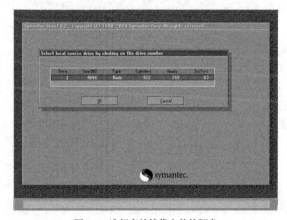

图7-24 选择存放镜像文件的硬盘

(4) 单击 OK 按钮，弹出如图 7-25 所示对话框，选择需要做镜像文件的分区，这里选择 1 分区（即 C 盘）。

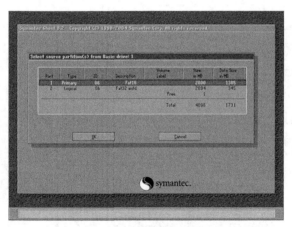

图7-25 选择需做镜像文件的分区

(5) 单击 OK 按钮，弹出如图 7-26 所示对话框，在【Look in】下拉列表中选择镜像文件的保存路径，这里选择在 2 分区（即 D 盘）的根目录下存放镜像文件。

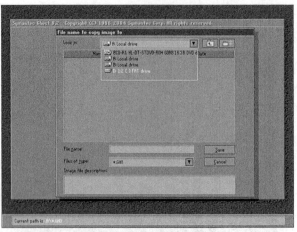

图7-26　选择镜像文件的保存路径

(6) 在【File name】文本框中输入镜像文件名"winxp"，如图 7-27 所示。

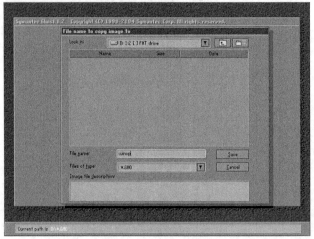

图7-27　设置镜像文件名

(7) 单击 <u>Save</u> 按钮生成镜像文件，弹出如图 7-28 所示对话框，提示用户选择压缩方式。

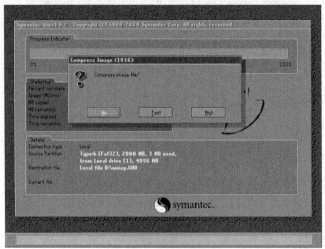

图7-28　选择压缩方式

- 【No】: 表示不压缩。
- 【Fast】: 表示采用快速压缩，制作和恢复镜像使用的时间较短，但是生成的镜像文件将占用较多的磁盘空间。
- 【High】: 表示采用高度压缩，制作和恢复镜像使用的时间较长，但是生成的镜像文件将占用较小的磁盘空间。

为了加快压缩速度，此处一般采用快速压缩。

(8) 单击 Fast 按钮，弹出一个确认对话框，如图 7-29 所示。

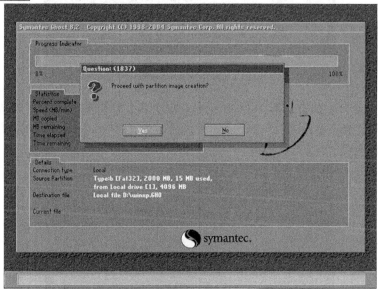

图7-29 确认设置

(9) 如果确认前面的设置正确，则单击 Yes 按钮，Ghost 程序将开始制作镜像文件，如图 7-30 所示。

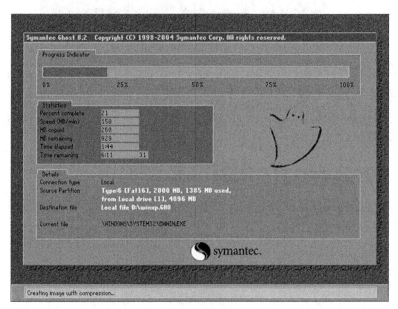

图7-30 制作镜像文件

(10) 当镜像文件制作完成后，弹出如图 7-31 所示对话框。

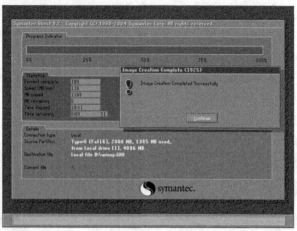

图7-31 镜像文件制作完成

(11) 单击 Continue 按钮，弹出如图 7-32 所示对话框。单击 Yes 按钮，然后从光驱中取出光盘并重启计算机，将会在 D 盘上看到生成的镜像文件 "winxp.GHO"。至此，镜像文件的制作全部完成。

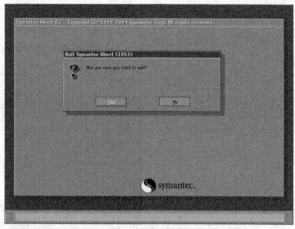

图7-32 确认退出

 要点提示　　在制作镜像文件时要注意所指定的存放盘中是否有足够的空间，只有拥有足够的空间才能成功完成镜像文件的制作。本操作制作出来的镜像文件可以用于本机的镜像恢复以及与本机硬件配置完全相同的计算机的镜像恢复，但不能用于硬件配置不同的其他计算机，因为其驱动程序与本机不同。本方法不但可以用来制作系统盘的镜像，还可以制作其他盘的镜像。

7.2.2　使用 Ghost 对系统进行还原

当系统因为某些原因崩溃后，就可以用 Ghost 制作的镜像文件快速还原系统到制作镜像时的那个状态。

【例7-2】　使用 Ghost 对系统进行还原。

 操作步骤

(1) 进入 Ghost 启动界面，单击 OK 按钮，选择【Local】/【Partition】/【From Image】命令，如图 7-33 所示。

(2) 弹出如图 7-34 所示对话框，选择要使用的镜像文件的路径。

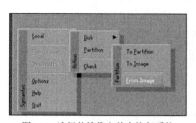

图7-33 选择从镜像文件中恢复系统

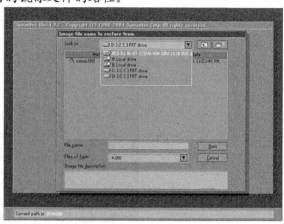

图7-34 选择镜像文件的路径

(3) 这里选择上面制作的镜像文件 "winxp.GHO"，如图 7-35 所示。

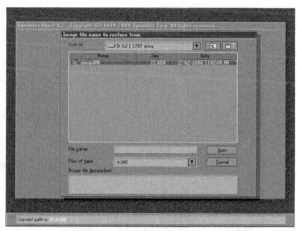

图7-35 选择镜像文件

(4) 单击 Open 按钮，弹出如图 7-36 所示对话框，从中选择源分区，这里直接单击 OK 按钮。

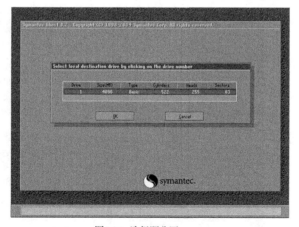

图7-36 选择源分区

(5) 选择要还原的分区，这里选择 1 分区（即 C 盘），如图 7-37 所示。

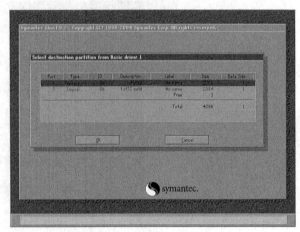

图7-37 选择要还原的分区

(6) 单击 ___OK___ 按钮，在弹出的对话框中确认是否要进行所设置的操作。这里单击 ___Yes___ 按钮，覆盖 C 盘上所有的数据，如图 7-38 所示。

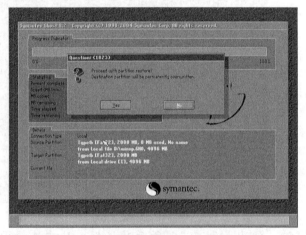

图7-38 确认设置

(7) 系统开始用镜像文件进行系统还原，如图 7-39 所示。

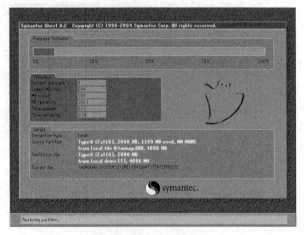

图7-39 系统正在还原

(8) 还原完毕后，弹出如图 7-40 所示对话框，提示系统还原已经完成。单击  按钮，然后从光驱中取出光盘并重启计算机。至此，Ghost 系统还原的操作就全部完成。

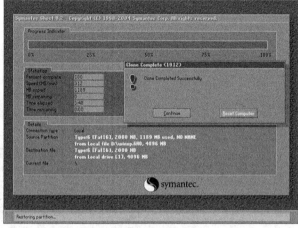

图7-40　系统还原完成

7.3　数据的恢复

数据恢复就是将计算机系统遭受破坏，或由于硬件缺陷以及误操作等各种原因导致丢失的数据还原成正常数据。在恢复被破坏的文件时，文件类型不同，采用的方法也不一样。

7.3.1　恢复被破坏的系统文件

系统文件是指存放操作系统主要文件的文件夹，一般在安装操作系统过程中自动创建并将相关文件放在对应的文件夹中，这里面的文件直接影响系统的正常运行，多数情况下都不允许修改。

系统文件的破坏有多种情况，一种情况是误删除，就是在不知情的情况下将系统文件删除；还有一种是杀毒软件将系统文件删除，即因为杀毒软件设置不当，在清除病毒文件时会将系统文件一并删除。

【例7-3】　恢复被破坏的系统文件。

 操作步骤

(1) 将 Windows XP 操作系统的安装光盘放入光驱中。

(2) 搜索被破坏的文件。注意：文件名的最后一个字符用符号"_"代替。例如：要搜索"Notepad.exe"，则需要输入"Notepad.ex_"来进行搜索。

(3) 搜索到被破坏的文件后，选择【开始】/【运行】命令，在弹出的【运行】对话框中输入"cmd"，如图 7-41 所示。

图7-41　【运行】对话框

(4) 单击 [确定] 按钮，在打开的窗口中输入 EXPAND 源文件的完整路径、目标文件的完整路径，如 "EXPAND D:\SETUP\NOTEPAD.EX_ C:\Windows\NOTEPAD.EXE"，如图 7-42 所示。

图7-42　输入源文件和目标文件路径

要点提示

　　如果路径中有空格，那么需要把路径用双引号（英文引号）括起来。如果使用的是其他 Windows 操作系统平台，搜索到包含目标文件名的 "CAB" 文件。然后打开命令行模式，输入 "EXTRACT /L 目标位置 CAB 文件的完整路径"，如 "EXTRACT /L C:\Windows D:\I386\ Driver.cab Notepad.exe"。同前面一样，如同路径中有空格的话，则需要用双引号把路径括起来。

7.3.2　恢复被删除的数据

有时用户会因为错误的操作删除一些重要的数据，或者因为磁盘的问题造成不能正常读取磁盘上的数据，这时就希望能从磁盘上把删除或丢失的数据再重新恢复过来。

1.　被删除文件的恢复原理

在 Windows 操作系统下用普通的删除命令删除一个文件或者删除一个文件并清空回收站，其实只是对被删除文件做了一个删除标记，而被删除的文件内容仍然保存在它原来所在的位置，直至硬盘中写入了其他内容将其覆盖。所以文件恢复的原理其实就是在文件被覆盖前将该文件头上的删除标记去掉，这样就可以恢复这个被删除的文件。

2.　簇的概念

在计算机操作系统中，文件系统是操作系统与驱动器之间的接口，当操作系统请求从硬盘中读取一个文件时，会请求相应的文件系统打开文件。扇区是磁盘最小的物理存储单元，由于扇区的数目众多，操作系统无法对整个扇区进行寻址，所以操作系统就将相邻的扇区组合在一起，形成一个簇，然后再对簇进行管理。每个簇可以包括 2、4、8、16、32 或 64 个扇区。显然，簇是操作系统所使用的逻辑概念，而非磁盘的物理特性。

3.　使用 EasyRecovery 恢复数据

EasyRecovery 是由 ONTRACK 公司开发的数据恢复软件，功能十分强大，能够恢复因误删除，受病毒影响，格式化或分区，断电或瞬间电流冲击，程序的非正常操作或系统故障造成的数据毁坏。

EasyRecovery 主要是通过在内存中重建被删除文件的分区表，使数据能够安全地传送到其他磁盘分区中，所以在恢复的过程中不会向数据中写入任何东西。同时，它还可以检查硬盘故障，修复受损的 Excel、Word、Access、PowerPoint、Zip 文件及 Outlook 电子邮件。

4. 恢复被误删除的文件

下面以恢复删掉的文件"F:\computer files\写作中的问题.doc"为例，介绍如何恢复被误删除的文件。

【例7-4】 恢复被误删除的文件。

 操作步骤

(1) 启动 EasyRecovery Professional 软件，进入其主界面，如图 7-43 所示。
(2) 在主界面左侧单击 [数据恢复] 按钮，进入【数据恢复】界面，如图 7-44 所示。

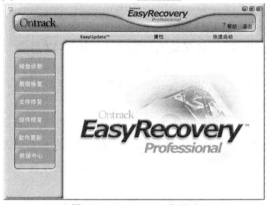 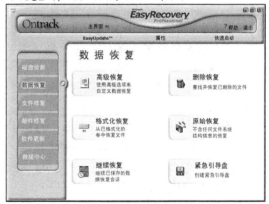

图7-43 EasyRecovery 主界面　　　　　　　　　图7-44 【数据恢复】界面

(3) 单击 [删除恢复] 按钮，将弹出【目的警告】对话框，提示用户将文件复制到除源位置以外的安全位置，直接单击 [确定] 按钮。

 要点提示　如果是由于感染病毒，断电或瞬间电流冲击，程序的非正常操作或系统故障造成的数据毁坏和丢失或者是更坏的情况，硬盘"病情"很严重，文件的目录结构已经损坏，分区也有严重损坏，甚至在 Windows 和 DOS 操作系统中都找不到分区了，可以单击数据修复中的 [原始恢复] 按钮进行恢复。

(4) 打开【删除恢复】界面，在此对话框左侧选择被删除文件所在的分区，这里选择 F 盘，如图 7-45 所示。

 要点提示　在【删除恢复】界面中的【文件过滤器】下拉列表中选择要恢复文件的类型，只对选中类型的文件而非所有文件进行扫描，可以节约扫描时间。

(5) 单击 [下一步] 按钮，EasyRecovery 开始对 F 盘进行扫描，扫描结束后进入【选择要恢复的被删除的文件】界面，在其左侧显示了该分区下的所有文件夹，而右侧显示的是左侧被选中文件夹下被删除的文件。先选中"computers' file"文件夹，然后在其右侧找到"写作中的问题.doc"并选中，如图 7-46 所示。

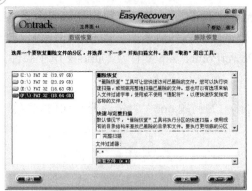

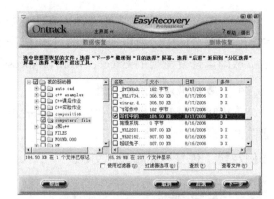

图7-45 【删除恢复】界面　　　　　　　　　　　图7-46 选择要恢复的被删除的文件

 要点提示 在选中要恢复的文件时，若是因删除的文件列表过多而不好找到要恢复的文件，可以单击 过滤器选项(O) 按钮，对列出的文件过滤，然后选中【使用过滤器】；或单击 查找(F) 按钮，查找要恢复的文件。

(6) 单击  按钮，打开【被删除的文件恢复设置】界面，在【恢复到本地驱动器】文本框中输入恢复后文件保存的路径（不能在原分区），这里输入 "E:\"，如图 7-47 所示。

 要点提示 在选择文件恢复保存路径的过程中，要确定选择的路径有足够大的磁盘空间。

(7) 单击 ⬛ 按钮，EasyRecovery 开始恢复文件，完成后进入【删除恢复结果报告】界面，如图 7-48 所示。单击 完成 按钮，弹出对话框询问用户是否保存此次恢复状态，用户根据自己的需要单击 是 按钮或 否 按钮，即可完成操作。此时即可在 E 盘中查看到恢复的文件。

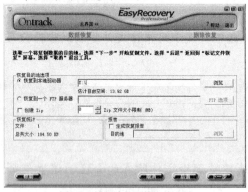

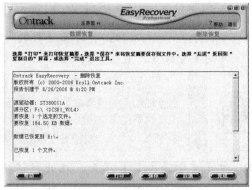

图7-47 被删除的文件恢复设置　　　　　　　　图7-48 删除恢复结果报告

5. 恢复因格式化丢失的文件

当某个含有重要数据的分区被格式化后，仍然可以使用 EasyRecovery 来恢复这些数据。其操作与恢复删除文件类似，这里只做简要说明。

【例7-5】 恢复被格式化的文件。

 操作步骤

(1) 在进入【数据恢复】界面后，单击 格式化恢复 按钮，在弹出的【目的警告】对话框中单击 确定 按钮。

(2) 进入【格式化恢复】界面，如图 7-49 所示，在其左侧选中要恢复的格式化分区，并在 【以前的文件系统】下拉列表中选择格式化前分区的文件系统。

(3) 单击 按钮，EasyRecovery 开始扫描格式化的磁盘分区，扫描可能要花掉一些时间，根据分区的大小而定。完成后进入【选择要恢复的格式化分区的文件】界面，如图 7-50 所示，选择自己所要恢复的文件。

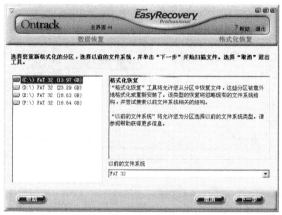
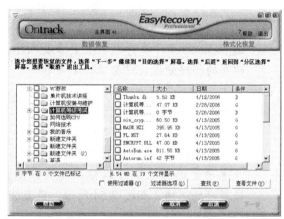

图7-49 【格式化恢复】界面　　　　　　　　　图7-50 选择要恢复的格式化分区的文件

(4) 单击 按钮，进入【格式化分区的文件恢复设置】界面，如图 7-51 所示，选择文件要保存的路径。

> **要点提示** 若要恢复的文件较大，可以在【选择目的地选项】列表框中勾选【创建 Zip】复选框，并对其压缩文件的大小限制进行设置；若要生成恢复报告，了解此次恢复详细情况，可在【报告】列表框中勾选【生成恢复报告】复选框，并在其下选择保存路径，也可在恢复完成后的对话框中单击 按钮。

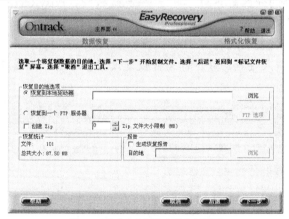

图7-51 格式化分区的文件恢复设置

(5) 单击 按钮，软件开始恢复文件，完成后进入【格式化恢复结果报告】界面，说明恢复详细情况。单击 按钮，完成此次恢复操作。

6. 恢复损坏分区的数据

如果某个分区的部分磁道被损坏，导致其中的数据丢失，同样可以用 EasyRecovery 来使其恢复。

【例7-6】　恢复被损坏磁道中的文件。

操作步骤

(1) 在【数据恢复】界面上单击 ▢（高级恢复）按钮，在弹出的【目的警告】对话框中单击 ▢ 确定 ▢ 按钮。

(2) 进入【选择被损坏的分区】界面，如图 7-52 所示，在其左侧选中修复文件所在的损坏分区，这里选择 F 分区。

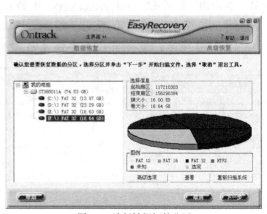

图7-52　选择被损坏的分区

(3) 单击 ▢ 高级选项 ▢ 按钮，弹出【高级选项】对话框，在【分区信息】选项卡下可以设置恢复时的"起始扇区"和"结束扇区"，如图 7-53 所示。在【恢复选项】选项卡下可以根据需要设置恢复时的选项，如图 7-54 所示。设置完成后单击 ▢ 确定 ▢ 按钮。

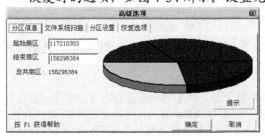

图7-53　高级选项——分区信息

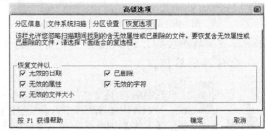

图7-54　高级选项——恢复选项

(4) 返回【选择被损坏的分区】界面，单击 ▢ 下一步 ▢ 按钮。EasyRecovery 开始扫描损坏分区的数据，扫描完成后进入【选择要恢复的损坏分区的文件】界面，如图 7-55 所示，在此对话框中选中要恢复的文件。

(5) 单击 ▢ 按钮，进入【损坏分区的文件恢复设置】界面，如图 7-56 所示，选择恢复文件要保存的路径。

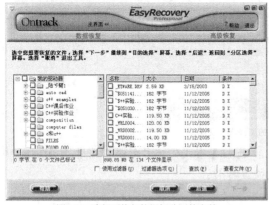

图7-55　选择要恢复的损坏分区的文件

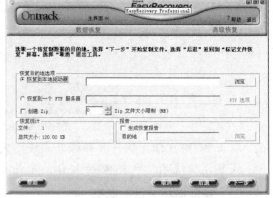

图7-56　损坏分区的文件恢复设置

(6) 单击 ▢ 按钮，软件开始恢复文件，完成后弹出对话框说明恢复详细情况。单击 ▢ 按钮，完成此次恢复操作。

7.4 实训 计算机主板的维护

计算机硬件的日常维护是延长计算机使用寿命的关键，本实训将练习主板的日常维护方法和技巧。主板是负责连接计算机配件的桥梁，其工作稳定性直接影响到计算机能否正常工作。由于主板上集成的芯片和电路多而且复杂，因此发生故障的原因也较多。

注意事项

- 大量灰尘或者有导电杂物可能会损坏主板，因此需要做好主板的清洁工作。
- 不要带电插拔板卡和其他外围设备，以免造成主板的接口或扩展槽损坏。
- 拆卸主板上插接的各部件时应注意各插接线的方位，以便能正确还原。
- 定期检查和清除病毒，防止 CIH 病毒对主板的破坏。
- 尽量不要对主板超频。

操作步骤

(1) 准备清洁工具：螺丝刀、毛刷、油画笔、吹气球、清洁剂、棉球和软布。

(2) 切断电源，打开机箱。

(3) 拔下扩展卡、内存以及接线等。操作时，应该避免静电，将手上的静电释放掉或戴上防静电护腕等。

(4) 拆除固定主板的螺钉，取下主板。

(5) 用毛刷将主板表面的灰尘清理干净。

(6) 用油画笔清洁各种插槽、驱动器接口插头。

(7) 用吹气球或电吹风吹尽灰尘。

(8) 如果插座内金属接脚有油污，可用脱脂棉球沾计算机专用清洁剂或无水乙醇清除，注意不要划伤主板。

 习题

1. 用 Ghost 对一台计算机系统进行备份。

2. 如何恢复被破坏的文件？

3. 病毒的概念是什么？

4. 概述恢复删除数据的原理。

5. 练习使用 FinalData 对删除的文件进行恢复。

第8章 计算机故障诊断与排除

计算机硬件一旦出现故障，用户处理起来往往会觉得很棘手。但只要通过冷静地分析，仔细地排查，则可以将故障排除。计算机系统投入使用以后，由于用户的操作不当、病毒、软件自身的漏洞等原因会导致各种各样的软件故障。这些故障会使计算机系统速度下降、频繁报错甚至死机，从而影响用户的正常使用。本章将介绍当前计算机系统中最常见的硬件和软件故障及其诊断和维护的方法。

学习目标

- 明确计算机硬件故障诊断的基本要领。
- 掌握常见的机箱内部配件故障的诊断及排除方法。
- 掌握常见的机箱外部配件故障的诊断及排除方法。
- 掌握常见系统软件故障的诊断和维护方法。
- 掌握常见应用软件故障的诊断和维护方法。

8.1 计算机故障分析综述

计算机故障产生频率高，严重时会导致计算机系统瘫痪。平时常见的故障现象中，主要包括硬件故障和软件故障两种类型。本节以硬件故障的诊断为例，说明诊断和排除计算机故障的基本手段和技巧。

8.1.1 故障的产生原因

与软件故障相比，硬件故障产生的频率较高，对计算机的影响更大，导致的后果更为严重。总体来说，硬件故障产生的原因大致可以分为以下4类。

1. 元器件故障

这类故障主要是由于板卡上的元器件、接插件和印制电路板引起的故障。

2. 机械故障

机械故障通常主要发生在外部设备中，如键盘按键接触不良、弹簧疲劳致使卡键失效，打印机断针、色带损坏、走纸机构不灵等。

3. 存储介质故障

这类故障主要是因软盘或硬盘存储介质损坏或系统引导信息数据丢失等造成的。

4. 人为故障

人为故障的主要原因是使用者对计算机性能、操作方法不熟悉，操作不当造成的。

(1) 电源接错。

这种错误会造成破坏性的故障，并伴有火花、冒烟、焦臭、发烫等现象。

(2) 带电插拔。

在通电的情况下插拔板卡或集成块而造成的损坏，硬盘运行时突然关闭电源或搬动机箱，致使硬盘磁头未退至安全区而造成损坏。

(3) 接线错误。

电源插头或 I/O 通道接口板插反或位置插错，信号线接错或接反。一般来说，除电源线接反能造成损坏外，其他错误只要更正即可。

(4) 使用不当。

常见的有写保护错、读写数据错、设备（例如，打印机）未准备好和磁盘文件未找到等错误。

5. 软件故障

软件在运行时发生冲突，相互不能兼容，如系统中存在多个杀毒软件，同时运行很容易造成计算机死机。有的计算机病毒会感染硬盘中的文件，使某程序不能正常运行。这些原因都将导致软件故障。

8.1.2 硬件故障的分类

尽管计算机硬件故障种类繁多，表现形式多样，但实践中还是可以根据其表现将其划分为以下类型，这有利于快速确认故障原因，避免不必要的故障检索工作。

1. 电源插座、开关问题

很多外围设备都是独立供电。例如，显示器电源开关未打开，会造成"黑屏"和"死机"的假象；外置 Modem 电源开关未打开或电源插头未插好则不能拨号、上网、传送文件。独立供电的外设出现故障时，首先应检查设备电源是否打开、电源插头（插座）是否接触良好。

2. 连线问题

外设与计算机之间是通过数据线连接的，数据线脱落、接触不良均会导致该外设工作异常。例如，显示器接头松动会导致屏幕偏色、无显示等故障；打印机放在计算机旁并不意味着打印机已连接上计算机，应亲自检查各设备间的线缆连接是否正确。

3. 设置问题

例如，显示器无显示很可能是行频调乱、宽度被压缩，甚至只是亮度被调至最暗；音箱放不出声音也许只是音量开关被关掉；硬盘不被识别也许只是主、从盘跳线位置不对等。详细了解该外设的设置情况，并动手试一下，有助于解决问题。

4. 系统新特性

很多"故障"现象其实是硬件设备或操作系统的新特性。例如，带节能功能的主机，间隔一段时间无人使用或无程序运行后会自动关闭显示器，按一下键盘后就能恢复正常。

8.1.3 硬件故障检修的流程

检修硬件故障是一项严谨的工作，除了需要细致和耐心的工作态度以外，还必须遵循一定的检修流程。硬件故障诊断应该从大到小、从表到内，依次检查，逐渐缩小范围，直到查找到故障点为止。

1. 由系统到设备

一台计算机系统出现故障，应先确定是系统中的哪一部分出了问题，如主板、电源、显示器、硬盘、打印机等。先确定故障的大致范围后，再做进一步的检测。　　　　　'

2. 由设备到部件

确定了计算机的哪部分出了问题以后，再对该部件进行检查。例如，判断是主板出了故障，则进一步检测是主板中哪一个部分的问题。

3. 由部件到器件

判断部件上的某一部分出问题后，再对该部件中的各个具体元器件或集成块芯片进行检查，以找到故障器件，进一步缩小故障存在位置的范围。

4. 由器件到故障点

确定故障器件后，应进一步确认是器件的内部损坏还是外部故障，是否器件引脚、引线的接点或插点接触不良，焊点虚焊，以及导线、引线是否断开或短接等。

8.1.4　硬件故障的定位方法

在排除硬件故障的过程中，准确地发现故障及定位故障是很重要的。为了提高故障检测效率，实践中常采用以下方法。

1. 清洁法

对于使用环境较差或者使用时间较长的计算机，可用软毛刷轻轻刷去主板、外设上的灰尘；由于板卡上一些插卡或芯片采用插脚形式，震动、灰尘等其他原因常会造成引脚氧化，接触不良。可以使用橡皮擦除表面氧化层，重新插接好后开机检查故障是否排除。

2. 观察法

这种方法可以用以下4个字进行概括。

(1) 看。

观察系统板卡的插头、插座是否歪斜，电阻器、电容器引脚是否相碰，芯片表面是否开裂，主板上的铜箔是否烧断；还要查看是否有异物掉进主板的元器件之间造成短路；也可以查看主板上是否有烧焦变色的地方，印制电路板上的走线是否断裂等。

(2) 听。

监听电源风扇、硬盘电机、显示器变压器等设备的工作声音是否正常。系统发生短路故障时常常伴随着异常声响，监听声音可以及时发现事故隐患并及时采取措施。

(3) 闻。

即辨闻主机、板卡中是否有烧焦的气味，便于发现故障和确定短路所在。

(4) 摸。

即用手按压板卡上的芯片，看芯片是否松动或接触不良；在系统运行时用手触摸或靠近 CPU、显示器、硬盘等设备的外壳，根据其温度可以判断设备运行是否正常；用手触摸一些芯片的表面，如果发烫，则认为该芯片已损坏。

3. 插拔法

插拔法是通过将主板上的部件或芯片逐个拔出或插入来寻找故障原因的一种方法，尤其适用于将故障定位到特定的板卡时。如果计算机发生死机，很难确定故障的原因，这时使用插拔法就很容易找到故障的位置。

要点提示　计算机出现故障时，可以按串行接口、并行接口、USB接口及硬盘子系统等次序将主机内所有的插件板卡一一拔出，每拔出一块插卡，接通电源检查主机的状态。如果拔出某个部件后故障消失，则认为故障存在于这一块板卡上，否则故障存在于主板或显示系统中，然后运用替换法将故障定位。

4．替换法

替换法是用相同器件互相交换观察故障变化情况，以便于判断、寻找故障原因的一种方法。如果有两台型号相同的计算机，若其中一台出了故障，可将故障机中的板卡一一取下插入到正常工作的的计算机中。如果某块板卡仍存在显示故障，则故障一定是在这块板卡上。

要点提示　一般来说，将有故障的板卡放在正常工作的计算机上运行，不会对其造成损坏。但在插入前应先用万用表检测待插入板卡的电源和地线之间有无短路现象，如果有，则证明该板卡已损坏，无须使用替换法。

同样，将正常运行的计算机中的板卡或设备插入到有故障的计算机中，如果插入某块正常的板卡时故障现象消失，则故障就出现在替换掉的板卡上。如果故障还在，则说明计算机其他地方存在故障。

5．比较法

为了确定故障的所在，可以在维修一台计算机时，与另一台相同型号的计算机做比较，当怀疑某些模块时，分别测试两块板卡的相同测试点。用正确的特征（例如，波形或电压）与有故障的机器的波形或电压相比较，若有不同，则可能有故障存在。以此作为寻找故障的线索，根据逻辑电路图逐级测量，对信号逐点检测、分析后即可确诊故障位置。

6．敲打法

对于机器运行时出现的一些时隐时现的瞬时性故障，可能是各元器件或组件虚焊、接触不良、插件管脚松动、金属氧化使接触电阻增大等原因造成的。对于这种情况可以用手指或橡皮榔头轻敲有关单元或组件后，使故障点彻底接触，再进行检查就容易确定故障位置了。

7．测量法

在不加电的情况下，用普通的万用表测量组件输入、输出引脚的内阻。一般集成电路的引脚电阻都具有 PN 结效应，即正向电阻小，反向电阻大。但是正向电阻不会接近于零，反向电阻不能为无限大。另外，芯片输入引脚之间的内阻也不能为零，否则会引起逻辑错误。

设置某些条件或编制一些程序让计算机运行。用示波器或计数器观察有关组件的波形或记录脉冲个数，并与正常波形或正常脉冲个数相比较。也可以根据组件的逻辑关系，使用示波器测试组件的逻辑关系是否正常，检查组件的外围电路是否开路、短路或接触不良，以及组件内部是否有开路或短路的现象。

8.1.5　故障检修中应注意的安全措施

计算机硬件检测时，应避免造成人身伤害或导致其他故障的产生，因此，务必要注意以下几点安全措施，以确保人身和设备安全。

1．注意机内高压系统

机内高压系统是指市电 220V 的交流电压和显示器 10 000V 以上的阳极高压。这样高的

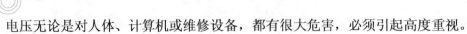

电压无论是对人体、计算机或维修设备，都有很大危害，必须引起高度重视。

在对计算机做一般性检查时，能断电操作的尽量断电操作。对于通电后断电的操作，要等待一段时间，或者预先采取放电措施，待有关储能单元（如大电容等）完全放电后再操作。

2. 不要带电拔插各插卡和插头

带电拔插控制卡很容易造成芯片的损坏。因为在加电情况下，拔插控制卡会产生较强的瞬间反激电压，足以把芯片击毁。同样，带电拔插打印口、串行口、键盘口等外部设备的连接电缆常常是造成相应接口损坏的直接原因。

3. 防止烧毁系统板及其他插卡

当无法确定板卡好坏，也不知有无短路情况时，不要马上加电，而是要用万用表测一下+12V 端（如 PC/XT 机 I/O 槽的 B9 脚）和−12V 端（I/O 槽的 B7 脚）与周围的信号有无短路情况，再测一下系统板上的电源+5V 端、−5V 端与地是否短路。

4. 防止烧坏集成块芯片

为了判断某一集成块芯片的逻辑功能是否正常时，需要将芯片的输入端或输出端置高电平或低电平。但要注意，此法仅适用于 TTL 芯片，并且在加恒定电平时，时间越短越好，其他 CMOS、EPROM 等芯片耐压低，不宜采取此法。

8.2 硬件故障的诊断及排除

对于许多初级用户来说，计算机机箱内部就像是一个"禁区"，即使出现了问题也都不敢去触碰。本节将介绍机箱内部各个部件最常见故障的诊断和排除方法。

8.2.1 常见 CPU 故障的诊断及排除

下面列举几种常见的 CPU 故障及其排除方法。

1. CPU 过热导致计算机自动重启

 故障现象

系统经常在运行一段时间后突然自动重启或关闭，而且按下主机电源开关后不能正常启动，但过一段时间后再次按下电源开关又能正常启动系统。

 故障分析

（1）首先诊断是否感染了病毒，可开机进入系统安全模式后使用杀毒软件对磁盘进行病毒查杀，以确定是否因为病毒原因引起故障。

（2）重启计算机进入 BIOS 设置，查看 BIOS 设置是否正常，特别是查看 CPU、内存、显卡是否处于超频使用状态。

（3）打开机箱，查看 CPU 的散热片和风扇中的灰尘是否过多；在通电情况下查看 CPU 风扇运转是否正常；用手触摸 CPU 散热片，感觉温度是否正常。

排除故障

(1) 若是因为病毒的原因，可在安全模式下对病毒进行清理，或对系统进行恢复或重装。

(2) 若在 BIOS 中发现 CPU、内存、显卡处于超频使用状态，可将其设置成正常使用状态。若不清楚是否处于超频状态，可使用 BIOS 的恢复默认选项将所有设置恢复默认状态，再保存并重启计算机。

(3) 若发现 CPU 风扇运转不正常，则应查看风扇的电源线是否正确插接，若风扇已损坏，则应更换风扇。

(4) 若 CPU 散热片温度过高，则应拆下风扇后对散热片和风扇上的灰尘进行清理，如图 8-1 所示。

图8-1 清除 CPU 散热片和风扇上的灰尘

2. CPU 针脚接触不良导致计算机无法启动

故障现象

按下主机电源开关后主机无反应，屏幕上无显示信号输出，但有时又正常。

 故障分析

首先诊断是显卡出现故障，用替换法检查后，发现显卡无问题。然后拔下插在主板上的 CPU，仔细观察后发现 CPU 并无烧毁痕迹，但 CPU 的针脚均发黑、发绿，有氧化的痕迹，如图 8-2 所示。

图8-2 CPU 针脚氧化

 排除故障

清洁 CPU 针脚，然后将 CPU 重新安装，故障得到解决。

8.2.2 常见主板故障的诊断及排除

下面列举几种常见的主板故障及其排除方法。

1. 计算机频繁死机

故障现象

计算机频繁死机，即使在 CMOS 设置里也会出现死机现象，死机后触摸 CPU 周围主板元件，温度非常高而且烫手。

 故障分析

出现此类故障一般是由于主板 Cache 有问题或主板散热不良引起的。

排除故障

(1) 更换大功率风扇，增加散热效果。

(2) 如果是 Cache 有问题，可进入 CMOS 设置，将 Cache 禁止后即可顺利解决死机问题。

2. 计算机开机运行中断

故障现象

计算机开机后，运行到 Award Soft Ware, IncSystem Configurations 即停止，但计算机未死机。

故障分析

该问题是由于 CMOS 设置不当造成的。将其中的【PNP/PCI CONFIGURATION】/【PNP OS INSTALLED】（即插即用）选项设为了"YES"。

排除故障

将即插即用的设置由"YES"改为"NO"后，故障得以解决。

> **要点提示** 有的主板将 CMOS 的即插即用功能开启之后，还会引发诸如声卡发音不正常之类的现象，这一点要在故障检查时引起注意。

8.2.3 常见内存故障的诊断及排除

下面列举几种常见的内存故障及其排除方法。

1. 运行大型软件时提示内存不足

故障现象

当在计算机上运行大型软件时，总提示"内存不足"，但计算机上的内存实际已经是 1GB。

故障分析

提示内存不足包括物理内存和虚拟内存，所以可以判定是本机的虚拟内存偏低或设置虚拟内存的磁盘可用空间太小，应设置较大虚拟内存或对设置虚拟内存的磁盘进行空间整理。

排除故障

(1) 进入设置虚拟内存的磁盘进行磁盘清理和碎片整理。

(2) 用鼠标右键单击【我的电脑】图标，在弹出的快捷菜单中选择【属性】命令，弹出【系统属性】对话框，切换到【高级】选项卡，如图 8-3 所示。

(3) 单击【性能】栏中的 设置(E) 按钮，弹出【性能选项】对话框，切换到【高级】选项卡，如图 8-4 所示。

(4) 单击【虚拟内存】栏中的 更改(C) 按钮，弹出【虚拟内存】对话框，查看虚拟内存的大小，并进行适当的设置，如图 8-5 所示。

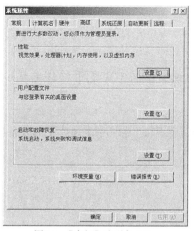
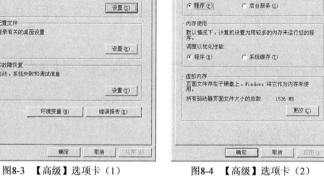
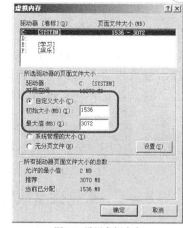

图8-3 【高级】选项卡（1） 　图8-4 【高级】选项卡（2） 　图8-5 设置虚拟内存

2. 计算机长时间不用导致无法启动

 故障现象

计算机长时间不用后，开机无法正常启动。

 故障分析

此类故障多是由于内存或显卡与主板上的插槽接触不良或金手指出现铜锈而导致系统不可用。可以使用排除法，首先排除是显卡的问题，最后确定是内存的金手指出现故障。

 排除故障

(1) 从主板上卸下内存条，使用毛刷将其表面的灰尘打扫干净，如图 8-6 所示。

(2) 使用橡皮擦将内存条金手指上的铜锈擦掉，如图 8-7 所示。

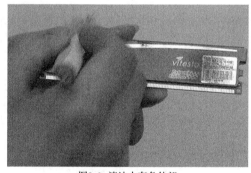
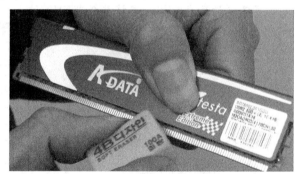

图8-6 清洁内存条外部 　　　　　　　　图8-7 擦除金手指上的铜锈

3. 开机不能启动并报警

 故障现象

开机后机器无法点亮，且伴有一长三短的报警声。

 故障分析

根据一长三短的报警声可初步判断是内存校验出错。

排除故障

(1) 关机后打开机箱，查看内存条是否存在松动现象。

(2) 查看内存条上的金手指是否出现氧化现象，可用橡皮擦或微湿的干净毛巾轻轻擦拭铜锈。最后再将其插回原插槽中。

 要点提示 检查排除故障时要保证将所有插座电源均关闭后才能进行，否则容易造成配件短路烧毁。

8.2.4 常见硬盘故障的诊断及排除

下面列举几种常见的硬盘故障及其排除方法。

1. 磁盘空间丢失

 故障现象

计算机上的硬盘空间总是莫名其妙地减少。

 故障分析

计算机感染病毒、误操作、非正常关机、不正常退出程序或硬盘分区不合理都会造成硬盘空间的丢失。

 排除故障

(1) 升级杀毒软件病毒库，对计算机进行一次彻底的杀毒。

(2) 选择【开始】/【运行】命令，弹出【运行】对话框，输入"%temp%"，如图 8-8 所示。

(3) 单击 确定 按钮，打开临时文件夹，如图 8-9 所示。这里存放着大量的临时文件，占据了不少的磁盘空间，应将其全部删除。

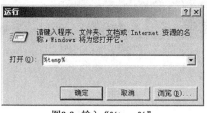

图8-8 输入"%temp%"

图8-9 临时文件夹

(4) 避免程序非法终止或不正常关机，这样容易造成簇丢失，从而导致硬盘空间丢失。

(5) 将过大的磁盘分区分成较小的几个磁盘分区。因为文件的存储是以簇为最小单位的，一个文件要占用一个或多个簇，如果一个簇只有一个字节被文件占用，那么该簇的其他部分就不能再被使用，于是造成大量的空间浪费。

(6) 减小回收站的容量。如果回收站的空间设置过大就会浪费磁盘空间。用鼠标右键单击【回收站】图标，在弹出的快捷菜单中选择【属性】命令，弹出【回收站 属性】对话框，适当减小回收站所占空间的比例，如图 8-10 所示。

2. 因硬盘分区表丢失而不能正常启动系统

 故障现象

在使用 Ghost 还原系统过程中突然断电，重新启动计算机后不能正确识别硬盘。

 故障分析

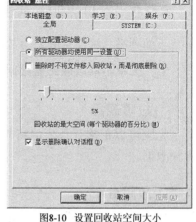

图8-10 设置回收站空间大小

在使用 Ghost 进行系统还原的过程中会对硬盘的分区表进行读取并改写，此时若突然断电，则会造成分区表丢失或损坏，从而导致不能正确识别硬盘。

 排除故障

(1) 使用 Windows XP 操作系统的安装盘启动系统，选择进入"恢复控制台"，输入"Fdisk /mbr"命令并按 Enter 键，可对一般的分区表损坏进行修复。

(2) 使用带有 Diskgen 工具的安装盘启动系统，运行"Diskgen.exe"，打开 Diskgen 的操作界面，如图 8-11 所示。

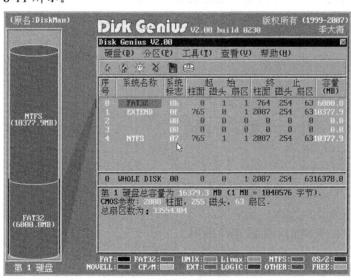

图8-11 Diskgen 操作界面

(3) 选择【工具】/【重建分区表】命令，单击 继续 按钮，进行分区表的重建，在弹出的搜索方式中，对于一般用户可单击 自动方式 按钮，即让程序自动进行分区表的重建；若想自己决定哪些分区保留，可单击 交互方式 按钮，并根据提示进行操作，但不推荐普通用户使用。

(4) 完成后可查看是否与原硬盘分区情况一致，若分区情况正确则可选择【硬盘】/【存盘】命令，对分区表信息进行保存，最后退出程序并重启计算机即可。

8.2.5 常见光驱故障的诊断及排除

下面列举几种常见的光驱故障及其排除方法。

1. 光驱不能读取光盘数据

 故障现象

光驱可以正常开合，但将光盘放入光驱后，打开光驱盘符显示为空，查看光驱属性发现无数据。

 故障分析

(1) 光驱可以正常开合，证明光驱通电情况正常。

(2) 更换一张光盘后进行数据读取，以确定是否是光盘自身的问题。

(3) 再打开机箱，查看光驱的数据线是否连接好。

(4) 使用清洁工具光盘对光驱的激光头进行清洗。

 排除故障

(1) 若更换光盘后能正常读取数据，则证明是原光盘有问题，可对其进行清洗并擦拭干净后再次进行读取。

(2) 若是因为数据线松脱造成问题，则将数据线连接好。

(3) 若对激光头进行清洗后能正常读取数据，则证明是激光头上有灰尘。

(4) 若以上情况都被排除，则可能是光驱自身有问题，应进行维修或更换。

2. 新安装的光驱无法使用

 故障现象

计算机上新配置一个光驱，却无法使用。

故障分析

(1) 光驱的连线和跳线不正确。

(2) 光驱与主板不匹配。

(3) 光驱由于质量问题，不能正常使用。

排除故障

(1) 查看光驱的连线与跳线设置是否正确，并对照说明书正确连接。

(2) 对照说明书查看光驱与主板是否匹配，如果不匹配需更换。

(3) 重启计算机，查看系统是否检测到光驱，如果没有检查到光驱，则说明光驱硬件有问题，只能更换新光驱。

(4) 打开【设备管理器】窗口，检查光驱与其他部件是否发生资源冲突及是否设置错误，如果发现错误，卸载光驱的驱动程序后重新安装驱动程序即可解决问题。

8.2.6　常见显卡故障的诊断及排除

下面列举几种常见的显卡故障及其排除方法。

1.　因显卡与插槽接触不良引起计算机不能正常启动

 故障现象

计算机不能正常启动，打开机箱，通电后发现 CPU 风扇运转正常，但显示器无显示，主板也无任何报警声响。

 故障分析

(1)　CPU 风扇运转正常证明主板通电正常。

(2)　拔下内存条后再通电，若主板发出报警声，则说明主板的 BIOS 系统工作正常。

(3)　插上内存条并拔下显卡，若主板也有报警声，则证明显卡插槽正常，排除显卡损坏的可能，则确定是因为显卡与插槽接触不良引起的故障。

 排除故障

(1)　使用毛刷和洗耳球将显卡表面灰尘清洁干净，如图 8-12 所示。

图8-12　清洁显卡表面

(2)　使用橡皮擦擦拭显卡的金手指，如图 8-13 所示，然后再插入插槽，即可解决故障。

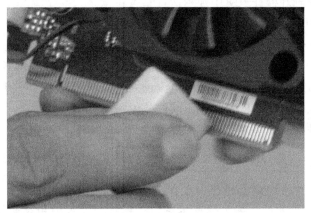

图8-13　使用橡皮擦擦拭金手指

2. 因显卡散热不良引起花屏现象

 故障现象

计算机能正常启动运行，但在运行 3D 软件或游戏一段时间后，出现花屏现象。

 故障分析

(1) 此类故障一般首先诊断是显卡的问题，打开机箱，查看显卡风扇运转是否正常。

(2) 用手触摸显卡散热片和背面，感觉显卡的温度是否正常。若出现发烫或温度上升很快等现象，则证明是因为散热不良而导致故障。

(3) 若散热片温度正常，而显卡背面温度较高，则可能是散热片与显卡芯片接触不良。

 排除故障

(1) 若风扇运转出现问题，则需要送往维修或更换新的风扇。

(2) 若只是散热问题，则可对散热片和风扇上的灰尘进行清理。

(3) 若是因为散热片与显卡芯片接触不良，则一般需要送往专业维修点加涂硅胶导热。

8.2.7 常见电源故障的诊断及排除

下面列举几种常见的电源故障及其排除方法。

1. 系统不间断自动断电故障

 故障现象

计算机启动时能通过自检，大约十多分钟后，电源突然自动关闭。重新启动计算机，有时无反应，有时又可以正常启动，但十多分钟后，电源又会自动关闭，有时隔一两分钟系统会自动重新启动，但马上又断电。

 故障分析

(1) 对于这种故障，首先应在 DOS 环境下查看是否感染病毒。

(2) 将电源连接到其他计算机中观察运行是否正常。

(3) 一般的电源只能在 220V±10%的环境下工作，当超过这个额定范围时，电源的过流和过压保护启动，便会自动关闭电源。因此，有必要检查交流市电是否为 220V。

(4) 如果确认电源和市电都没有问题，就应该确定是系统硬件问题。如果计算机中有的部件局部漏电或短路，将导致电源输出电流过大，电源的过流保护将起作用，自动关闭电源。此时可用最小系统法逐步检查，找出硬件故障。

(5) 另外，电源与主板不兼容也可能导致此故障。

 排除故障

(1) 若是病毒原因，则应对病毒进行彻底查杀或重新安装操作系统。

(2) 连接到其他计算机上后，若工作也不正常，则可能是电源出现故障；若工作正常，则可能是原计算机系统中的部件过多，耗电量过大，而电源功率不足，造成供电不足引起故障，此时应更换功率更大的电源。

(3) 若检测出交流市电波动较大，则可以加一个稳压器。

(4) 如果是电源与主板不兼容，可能是由于电源或主板的生产厂家没有按常规标准生产器件，此时需要更换电源。

2. 电源散热不良导致计算机死机的故障

 故障现象

计算机开机运行一段时间后会突然死机，重新开机后无法启动或黑屏，过一段时间再开机，可以正常进入系统。

 故障分析

由于在冷启动的时候一切正常，但运行一段时间后，出现上述问题，最有可能是由于机器内部温度太高造成系统死机，或超过 BIOS 中 CPU 温度保护设置而自行关机。

 排除故障

(1) 打开机箱外盖，打开计算机的电源开关，检查机箱电源的风扇是否正常工作，将手靠近机箱后电源风扇的出风口，感觉是否有风排出，如果没有风吹出，就应维修或更换电源。

(2) 如果风扇不转动，关掉电源，用手转动风扇，检查风扇转动是否灵活。如果风扇转动不灵活就拆下来，加润滑油或换一个同样的新风扇。

(3) 相应地也需要检查 CPU 上的风扇和显卡上的风扇是否转动正常。

> **要点提示** 在自己配置兼容机时，应注意冷却风扇的质量，并定期检查一下风扇是否运转正常，以免因为过热而烧坏计算机硬件。

8.2.8 常见显示器故障的诊断及排除

下面列举几种常见的显示器故障及其排除方法。

1. CRT 显示模糊

 故障现象

刚启动计算机时，显示器显示的文字图像模糊不清，随着运行时间的增加又逐渐清晰。

 故障分析

CRT 的工作原理是通过电子枪发出电子束击中荧光屏产生图像，而显像管内的电子枪必须经过加热后才能正常工作。

由于显像管的老化，使得加热过程变慢，在刚启动计算机时，因没有达到标准温度，电子枪不能射出足够的电子束，从而造成图像模糊。而运行一段时间后，温度达到标准要求，电子枪能够射出足量电子束，所以图像又变得清晰。

此故障一般发生在显示器使用多年之后，它属于正常的老化现象。而如果新买的显示器出现此故障，则可能是使用了翻新显像管造成的质量问题。

排除故障

(1) 若是正常的老化现象，一般没有维修的必要，可在使用过程中让显示器一直处于不断电状态，以加快启动时的加热时间，或考虑更换新显示器。

(2) 若是新买显示器的质量问题，则应立即要求更换或退货。

2. 显示器上的设置不当造成显示颜色不正确

故障现象

显示器能正常显示，但显示颜色偏黄。

故障分析

(1) 首先检查显示器视频接口是否正确插接好。

(2) 在显卡的颜色设置功能内将颜色设置恢复到默认状态，确认是否为显卡设置不当造成的故障。

(3) 调整显示器上的颜色设置，确认是否为显示器设置不当造成的故障。

排除故障

(1) 若是因为视频接口没有插接好，则应断电后重新插接，并将接口处的螺钉拧紧。

(2) 若将显卡的颜色设置恢复默认后显示正常，则可能是对显卡的显示颜色进行了错误的设置。

(3) 仔细对照显示器说明书，对显示器上的颜色进行正确设置。

(4) 若进行以上设置后仍不能正确显示，则可能是因为显示器元件老化造成的，应进行维修或更换新显示器。

8.2.9　常见鼠标和键盘故障的诊断及排除

下面列举几种常见的鼠标和键盘故障及其排除方法。

1. 找不到鼠标指针

故障现象

开机后在桌面上找不到鼠标指针。

故障分析

可能是线路接触不良或鼠标损害所致。

排除故障

(1) 检查鼠标与主机连接串口或 PS/2 接口是否接触松动，一般重新插紧后启动即可。如果接口损坏，只有更换主板或使用多功能卡上的串口。

(2) 检查鼠标内部的电线与电路板的连接，如果脱焊，可用电烙铁将焊点焊好。如果线路老化损坏，只有更换鼠标。

2. 键盘不能正常输入

 故障现象

计算机正常启动后，键盘没有任何反应。

 故障分析

（1）重新启动计算机，在自检时注意观察键盘右上角的"Num Lock"提示灯、"Caps Lock"提示灯和"Scroll Lock"提示灯是否闪了一下，进入系统后再分别按下键盘上这 3 个灯所对应的键，查看灯是否有亮灭现象。

（2）检查键盘的连线是否正确，将键盘接到其他计算机中测试是否能正常使用。

（3）检查主板上键盘接口处是否有针脚脱焊、灰尘过多等情况。

 排除故障

（1）若键盘上的提示灯一直都没有亮，则有可能是键盘与主板没有连接好，可重新拔插一次确认正确连接即可。

（2）因鼠标和键盘的接口外观相同，连接时应仔细辨别，或对照主板说明书进行正确插接。

（3）若键盘接到其他计算机中也不能正常使用，则可能是键盘已损坏，只需更换新键盘即可。

（4）若检查主板上的键盘接口处的针脚有脱焊的情况，则应对其进行正确焊接；若发现该处灰尘太多，则有可能是由于灰尘造成短路，应对灰尘进行清理。

8.2.10 常见打印机故障的诊断及排除

下面列举几种常见的打印机故障及其排除方法。

1. 选择打印机无反应

 故障现象

选择打印后打印机无反应，系统提示"请检查打印机是否联机及电缆连接是否正常"。

 故障分析

一般原因可能是打印机电源线未插好，打印电缆未正确连接，接触不良，计算机并口损坏等情况。

 排除故障

（1）如果不能正常启动（即电源灯不亮），先检查打印机的电源线是否正确连接，在关机状态下把电源线重插一遍或者换一个电源插座试一下。

（2）如果按下打印电源开关后打印机能正常启动，就需要进入 BIOS 检查并行端的传输模式是否设置正确。一般的打印机要求设置成"ECP"模式，或直接设置成"ECP+EEP"模式。

要点提示

并行端的传输模式可以设置的值有以下几种。
- SPP（Standard Parallel Port，Norrftal模式）：表示标准并行端口模式，此项为默认设置。
- ECP（Extended Parallel Port，扩展模式）：表示扩展型并行端口模式。
- EEP（Enhanced Parallel Port，增强模式）：表示增强型并行端口模式。
- ECP/EEP：表示同时启用 ECP 与 EEP 两种模式。

第
8
章

计算机故障诊断与排除

(3) 如果上述的两种方法均无效，就需要着重检查打印电缆，先把计算机关掉，把打印电缆的两头拔下来重新插一下，注意不要带电拔插。如果问题还不能解决的话，换个打印电缆试试。

2. 打印机不能打印

 故障现象

打印机在缺纸后，自动关机了，然后重新装上纸张后就不能打印了。

 故障分析

(1) 可能是线路连接问题。

(2) 可能由于先前的打印命令导致系统死机。

 排除故障

(1) 阅读打印机的使用手册，运行打印机自带工具中的自检程序，确认其基本功能是否正常。

(2) 拔出打印电缆后再重新连接打印机。

(3) 在【控制面板】窗口中选择【打印机和其他硬件】/【打印机和传真】选项，打开【打印机和传真】窗口，双击打印机图标，打开打印队列表，取消所有未完成的打印任务。

8.3 常见软件故障诊断及排除

系统软件故障大多是指计算机操作系统自身出现的故障，对于普通用户来说，计算机出现系统软件故障后很难找到解决的方法，从而严重影响计算机的性能。本节将介绍最常见的系统软件故障诊断和维护的方法。

8.3.1 计算机系统启动速度慢

 故障现象

新配置的计算机启动速度很慢。Windows XP 操作系统启动时，启动画面的滚动条要滚动十几次。

 故障分析

此故障是由于 Windows XP 操作系统自动关闭了硬盘的 DMA 传输模式所造成。在 Windows XP 操作系统中，如果硬盘或光驱连续接到 6 个错误或超时操作，就会自动降低硬盘速度并改变传输模式。这种故障有可能是使用休眠而引起的。

 排除故障

1. 方法一：设置硬盘传输模式减少滚动条的显示时间

(1) 用鼠标右键单击【我的电脑】图标，在弹出的快捷菜单中选择【属性】命令，弹出【系统属性】对话框，切换到【硬件】选项卡，如图 8-14 所示。

(2) 单击 设备管理器(D) 按钮，打开【设备管理器】窗口，展开【IDE ATA/ATAPI 控制器】选项，如图 8-15 所示。

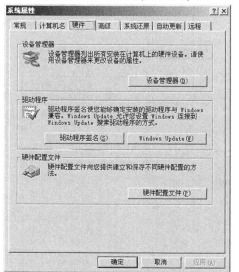

图8-14 【硬件】选项卡　　　　　　　　图8-15 展开【IDE ATA/ATAPI 控制器】选项

(3) 双击【主要 IDE 通道】选项，弹出【主要 IDE 通道 属性】对话框，切换到【高级设置】选项卡，设置【设备 0】和【设备 1】栏中的【传送模式】为"DMA（若可用）"，如图 8-16 所示。

2. 方法二：修改注册表，减少滚动条的显示时间

(1) 选择【开始】/【运行】命令，弹出【运行】对话框，输入"regedit"，如图 8-17 所示。

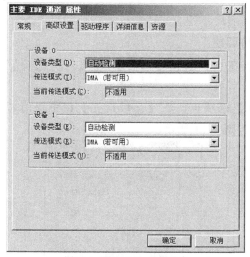

图8-16 设置 DMA 传输模式　　　　　　　图8-17 输入"regedit"

(2) 单击 确定 按钮，打开【注册表编辑器】窗口，依次展开【HKEY_LOCAL_MACHINE\SYSTEM\CurrentControlSet\Control\Session Manager\Memory Management\PrefetchParameters】项，如图 8-18 所示。

(3) 双击右侧的【EnablePrefetcher】键，弹出【编辑 DWORD 值】对话框，设置【数值数据】为"1"，如图 8-19 所示。

图8-18 展开【PrefetchParameters】项

图8-19 编辑 DWORD 值

(4) 单击 确定 按钮完成设置，重启计算机使设置生效。

8.3.2 进入系统界面时打不开任何程序

 故障现象

计算机启动后刚进入系统界面时，双击任何图标都无法打开程序，大概需要等一分钟左右才恢复正常。

故障分析

此故障可能是由于开机后系统自动搜索网络或是因系统过度臃肿，从而造成较大的负担所引起的。

 排除故障

1. 方法一：取消"自动搜索网络文件夹和打印机"

(1) 双击【我的电脑】图标，打开【我的电脑】窗口，选择【工具】/【文件夹选项】命令，如图 8-20 所示。

(2) 弹出【文件夹选项】对话框，切换到【查看】选项卡，在【高级设置】栏中取消勾选【自动搜索网络文件夹和打印机】复选框，如图 8-21 所示。

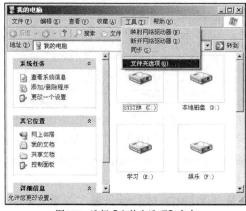

图8-20 选择【文件夹选项】命令

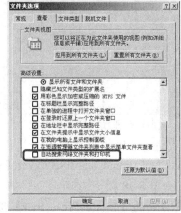

图8-21 取消勾选【自动搜索网络文件夹和打印机】复选框

(3) 单击 确定 按钮，完成设置。

2. 方法二：清除系统预取目录

(1) 如果用户的系统安装在 C 盘，则进入 "C:\WINDOWS\Prefetch" 文件夹，窗口中将显示系统预取目录，如图 8-22 所示。

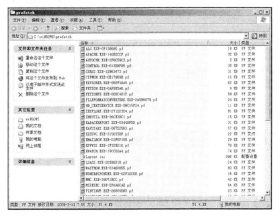

图8-22 系统预取目录

(2) 将此文件夹中的所有文件全部删除，重新启动计算机，即完成清除预取目录的内容。

8.3.3 进入系统界面之后没有任何图标

故障现象

进入系统界面时，发现桌面上没有任何图标，就连任务栏也没有，单击鼠标右键也没有反应。

故障分析

此类故障大多数情况是由于用户操作不当造成系统损坏引起的。

排除故障

(1) 按 Ctrl+Alt+Del 组合键，打开任务管理器，切换到【进程】选项卡，查看是否有 "explorer.exe" 这个进程，如图 8-23 所示。

(2) 如果没有 "explorer.exe" 这个进程，就选择【文件】/【新建任务】命令，弹出【创建新任务】对话框，在【打开】文本框中输入 "explorer"，如图 8-24 所示。

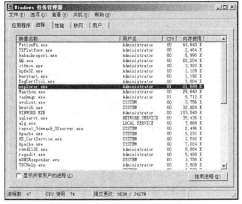

图8-23 查看 "explorer.ext" 进程

图8-24 输入 "explorer"

(3) 单击 确定 按钮，一般情况下即可创建 "explorer.exe" 进程，从而解决没有图标的问题。

(4) 但如果创建 "explorer.exe" 进程失败，则可能是系统的 "explorer.exe" 进程丢失了，只需将其他安装相同操作系统的计算机上的 "C:\Windows\explorer.exe" 文件复制到该计算机的相应文件夹即可。

 要点提示 "explorer" 或者 "explorer.exe" 进程实际上是 Windows 操作系统程序管理器或者 Windows 操作系统资源管理器，主要用于管理 Windows 操作系统图形壳，包括开始菜单、任务栏、桌面和文件管理，一旦删除该程序会导致 Windows 操作系统图形界面无法使用。

8.3.4 修改 BIOS 后出现死机故障

 故障现象

对 BIOS 进行了一些设置后，计算机经常出现死机故障。

 故障分析

这是由于用户为了提高计算机系统性能，在 BIOS 设置中改变了硬盘、内存、CPU 等参数，从而使系统变得不稳定甚至频繁死机，更严重时则根本进入不了 Windows 操作系统。

 排除故障

1. 方法一：设置 BIOS 跳线

打开机箱盖，在主板上有一个纽扣电池，在它的附件中有一组跳线针脚，共 3 个针脚，如图 8-25 所示。将针脚上的跳线帽拔出，插在另外一个针和中间针上几秒。然后拔出跳线帽，重新插回原来的位置即可将 BIOS 恢复到出厂设置。

图8-25 BIOS 跳线

2. 方法二：拔出 CMOS 电池

(1) 如不能确定跳线针脚的情况下，可以通过拔掉 CMOS 电池来清除密码。

(2) 在主板上找到 CMOS 电池，并将其从电池盒中取出，如图 8-26 所示。

(3) 用金属物件将 CMOS 电池插座的正负极短路，快速放掉相应电容中的存电，从而达到恢复 BIOS 出厂设置的目的，如图 8-27 所示。

图8-26 拔掉 COMS 电池

图8-27 短路 CMOS 插座正负极

8.3.5　关机后系统却自动重启

故障现象

关机后，系统又自动重新启动。

故障分析

在一般情况下，当用户关机时出现错误则系统会自动重启。将该功能关闭往往可以解决自动重启的故障。

排除故障

(1) 用鼠标右键单击【我的电脑】图标，在弹出的快捷菜单中选择【属性】命令，弹出【系统属性】对话框，切换到【高级】选项卡，如图 8-28 所示。

(2) 单击【启动和故障恢复】栏中的 设置(T) 按钮，弹出【启动和故障恢复】对话框。在【系统失败】栏中取消勾选【自动重新启动】复选框即可，如图 8-29 所示。

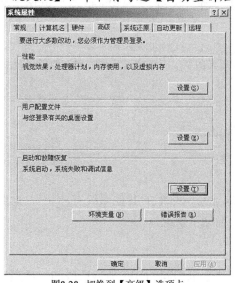

图8-28　切换到【高级】选项卡

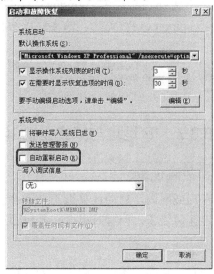

图8-29　取消勾选【自动重新启动】复选框

8.3.6　expiorer.exe 进程造成 CPU 使用率 100%

故障现象

计算机运行十分缓慢，打开任务管理器，存在一个名为"expiorer.exe"的进程占用 CPU 使用率达 100%，但"expiorer.exe"好像又是系统的必备程序。

故障分析

分析后发现，其实是计算机感染了病毒，只是病毒很好地隐藏了自己，将"expiorer.exe"伪装成系统正常程序 Explorer。其第 4 个字母是英文字母"i"而不是英文字母"1"，两者仅一个字母之差，具有很强的迷惑性。

排除故障

(1) 选择【开始】/【运行】命令，弹出【运行】对话框，输入 "regedit"。

(2) 单击 [确定] 按钮，打开【注册表编辑器】窗口，依次展开【HKEY_LOCAL_MACHINE\SOFTWARE\Microsoft\Windows\CurrentVersion\Run】项，如图 8-30 所示。

图8-30 打开注册表项

(3) 删除 Explorer= "C:\Windows\expiorer.exe" 项，再进入到 "C:\Windows" 文件夹删除 "expiorer.exe" 文件，病毒就成功被清除了。

> **要点提示** 这里删除 **"expiorer.exe"** 病毒的方式其实也可以用来删除其他病毒。希望读者能够融会贯通。

8.3.7 IP 地址与网络上的其他系统有冲突

 故障现象

在局域网内，启动计算机不久就会提示 "IP 地址与网络上的其他系统有冲突"，此时就无法连接网络了，但有时也会在开机很久后才会出现这个情况。

 故障分析

这是因为同一个局域网内，有其他用户使用了和本机相同的 IP 地址造成的。如果用户开机时出现冲突提示，则说明该 IP 地址已经被其他用户占用，因此该计算机就不能上网。

 排除故障

(1) 用鼠标右键单击【网上邻居】图标，在弹出的快捷菜单中选择【属性】命令，打开如图 8-31 所示的【网络连接】窗口。

(2) 用鼠标右键单击【本地连接】图标，弹出【本地连接 属性】对话框，在【常规】选项卡中选择【Internet 协议（TCP/IP）】选项，如图 8-32 所示。

图8-31 【网络连接】窗口

(3) 单击 按钮，弹出【Internet 协议（TCP/IP）属性】对话框，选择【自动获得 IP 地址】和【自动获得 DNS 服务器地址】两个单选按钮，如图 8-33 所示。

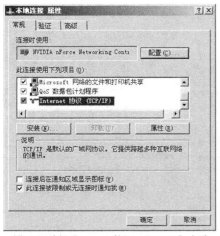

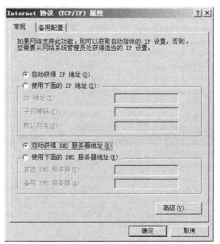

图8-32 选择【Internet 协议（TCP/IP）】选项　　　　图8-33 设置自动获得 IP 地址

(4) 单击 按钮完成设置，这样在开机时系统就会自动获取一个局域网内的空闲 IP 地址，解决 IP 地址冲突的故障。

8.3.8 安装程序启动安装引擎失败

故障现象

安装应用程序时提示"安装程序启动安装引擎失败：不支持此接口"。

故障分析

引起这个问题的原因很多，但最有可能的还是安装软件需要的 Windows Installer 服务出现了问题。

排除故障

1. 方法一：启动 Windows Installer 服务来排除故障

(1) 选择【开始】/【控制面板】命令，打开【控制面板】窗口，双击【管理工具】图标，打开如图 8-34 所示的【管理工具】窗口。

(2) 双击【服务】图标，打开【服务】窗口，找到【Windows Installer】选项，如图 8-35 所示。

(3) 双击【Windows Installer】选项，弹出【Windows Installer 的属性（本地计算机）】对话框，单击 按钮将其启动，如图 8-36 所示。

图8-34 【管理工具】窗口

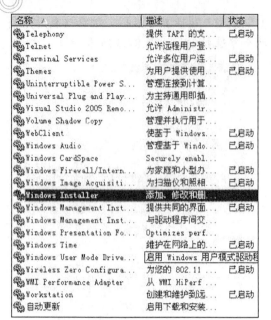

图8-35 【服务】窗口

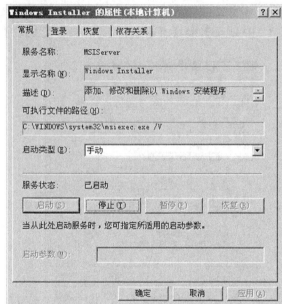

图8-36 【Windows Installer 的属性（本地计算机）】对话框

(4) 单击 确定 按钮，完成设置。一般情况下故障即被清除，但如果清除故障失败，则需要下载最新版本的 Windows Installer 进行安装。

2. 方法二：双击 instmsiw.exe 文件排除故障

一些安装程序并不是 EXE 文件，而是 MSI 文件。MSI 是脚本文件，如果运行 MSI 安装程序时出现不支持接口的提示信息。则需要通过双击安装包里面的"instmsiw.exe"文件来排除故障，如图 8-37 所示。

图8-37 MSI 类型安装文件

要点提示　　如果没有管理员权限或者系统文件被损坏，也有可能造成不支持此接口，从而无法进行软件安装。

8.4 实训

(1) 请列举你所遇到过的软硬件故障，并提出解决思路。

(2) 如有条件，请实际动手处理一些计算机软硬件故障。

 习题

1. 如何排除内存和显卡金手指造成的故障？
2. 容易由于散热问题引起故障的硬件设备有哪些？
3. 主板的常见故障和处理方法有哪些？
4. 总结排除计算机硬件故障的一般思路。
5. 根据本章所讲述内容，排除身边计算机的硬件故障。
6. 简述在处理计算机故障时应该有哪些步骤。
7. 简述 Explorer 进程在计算机中的作用。
8. 造成无法浏览网页的原因有哪些？
9. 简述 IP 地址与网络上其他系统有冲突时的解决办法。
10. 打开机箱，自行研究 BIOS 跳线和 COMS 放电。